Étienne Davodeau

DAS RECHT DER ERDE

Eine Erzählung über den Boden, der uns trägt

»Der Mensch ist die sich selbst bewusst werdende Natur.«

Élisée Reclus, *Der Mensch und die Natur,* 1905

DIES IST DIE GESCHICHTE EINER REISE.

EINER
REISE
DURCH
ZEIT UND
RAUM.

EINER
REISE,
ZU DER
ICH SIE
EINLADE.

EIN KLEINER SPAZIER-GANG AUF DER OBER-FLÄCHE UNSERES PLANETEN.

ER WIRD AN EINEM ORT STATTFINDEN, DEN MAN SEIT EINIGEN HUNDERT JAHREN UND FÜR UNBESTIMMTE ZEIT »FRANKREICH« NENNT.

ABER FÜR UNSER THEMA IST DIESER PUNKT NICHT WEITER VON BELANG.

ZWEI
AKTE.

ES GEHT
DARUM,
ZWEI EIN-
ZIGARTIGE
ORTE MIT-
EINANDER
ZU VER-
BINDEN.

ZWEI RELIKTE,
DIE SAPIENS AN-
DEREN SAPIENS
HINTERLASSEN
HABEN.

ZWEI AKTE, DIE MICH FASZINIEREN UND DIE MITEINANDER IN RESONANZ ZU SETZEN MIR KLUG ERSCHIEN.

SO ENTSTAND IN MIR DAS VERLANGEN, EINE LINIE ZWISCHEN DIESEN ZWEI MARKSTEINEN ZU ZIEHEN.

EINE LINIE ZU ZIEHEN BEDEUTET LETZTEN ENDES, ZU SCHREIBEN, ZU ZEICHNEN.

DIE HÖHLE VON PECH MERLE IN CABRERETS IM LOT.

11. JUNI 2019

ICH STEHE AUFRECHT AUF DER OBERFLÄCHE DES PLANETEN.

IN DEM VOM GEWITTER DURCHNÄSSTEN GESTRÜPP STEHE ICH SENKRECHT ÜBER DER ZEICHNUNG DES MAMMUTS.

VON DORT GEHE ICH LOS.

SCHREIBEN, ZEICHNEN, LAUFEN. DREI MEINER GRUNDLEGENDEN TÄTIGKEITEN.

DIESES BUCH IST DIE GELEGENHEIT, SIE ZUSAMMEN AUSZUÜBEN.

DIESE LINIE WERDE ICH MIT MEINEN FÜSSEN ZIEHEN.

ICH LAUFE GEN NORDOSTEN.

Grotte de Pech Merle

Parking 1   50 M →

Parking 2   50 M →

WIR WERDEN SEHEN.

ICH NEHME DEN WEG, DER OBERHALB DES FLUSSES VERLÄUFT.

GR651

ESPINIÈRES 1,1km
CABRERETS 5,5km

SAULIAC SUR CELE 4,6km
MARCILHAC SURCELE 12,8km

MEINE STRECKE HABE ICH ENTSPRECHEND DER GROSSEN WANDERWEGE (G.R.) GEPLANT.

VERIRRT?

ICH SUCHE DEN G.R. ...

JA, DAS IST DER WEG, DER DORT RUNTERGEHT. GEHEN SIE NOCH WEIT?

BIS NACH BURE.

KENN ICH NICHT ...

DAS IST IN DER MEUSE.

IN DER MEUSE?!

12

DAS LIEGT IM NORDOSTEN VON FRANKREICH, ODER?

GENAU.

MEINE GÜTE, DAS IST ABER EIN LANGER MARSCH ... WAS GIBT ES DORT?

DORT WIRD MAN VIELLEICHT ATOMMÜLL VERGRABEN.

AH?

SAGT MIR NICHTS ...

NA GUT, DANN ... VIEL GLÜCK. HM...

JA, DANKE.

UNTER DER ERDE
VON PECH MERLE
HABEN SAPIENS VOR
TAUSENDEN VON
JAHREN IHREN NACH-
FAHREN EIN GROSS-
ARTIGES ANDENKEN
HINTERLASSEN.

UNTER DER
ERDE VON BURE
PLANEN GERADE
IN DIESEM MO-
MENT ANDERE
SAPIENS – UND
IN GEWISSER
WEISE DIESEL-
BEN SAPIENS –
ATOMMÜLL ZU
VERGRABEN, DER
ÜBER TAUSENDE
VON JAHREN
GEFÄHRLICH
BLEIBEN WIRD.

ICH WILL VERSTEHEN, WAS DIESE BEIDEN
ORTE UND DATEN MITEINANDER VERBINDET.

HIER SPIELT SICH ETWAS AB, DAS VIEL ÜBER UNSERE BEZIEHUNG ZU DIESEM PLANETEN UND SEINEM BODEN AUSSAGT. ES IST NICHT MEHR ALS EIN GEFÜHL, ABER ES HAT MICH AUF DIESEN WEG GEBRACHT.

DEN BODEN BE-TRETEN, BEWUSST.

IHN ERKUNDEN.

DRAUSSEN SEIN.

DIE LAUNEN DES WETTERS ERTRAGEN.

IN DIE NATUR EINTAUCHEN.

DIE REAKTIONEN MEINES KÖRPERS UND MEINES GEIS-TES SPÜREN.

DAS ALLES WAR SCHON IMMER NACH MEINEM GESCHMACK.

NA GUT, DIESE WORTE SCHREIBE ICH IN MEI-NEM KOMFORTABLEN ATELIER, WO ICH DIESE REISEERZÄHLUNG VOR EINIGEN WOCHEN NACH MEINER RÜCKKEHR BEGONNEN HABE.

AM ERSTEN ABEND IN MEINEM ZELT, AUF DAS DER REGEN PRASSELT, HÖRE ICH DAS ÄCHZEN MEINER VOM SCHWEREN RUCKSACK MÜDEN SCHULTERN.

UND VOR ALLEM SAGE ICH MIR, DASS ES VIELLEICHT EINE BLÖDE IDEE WAR.

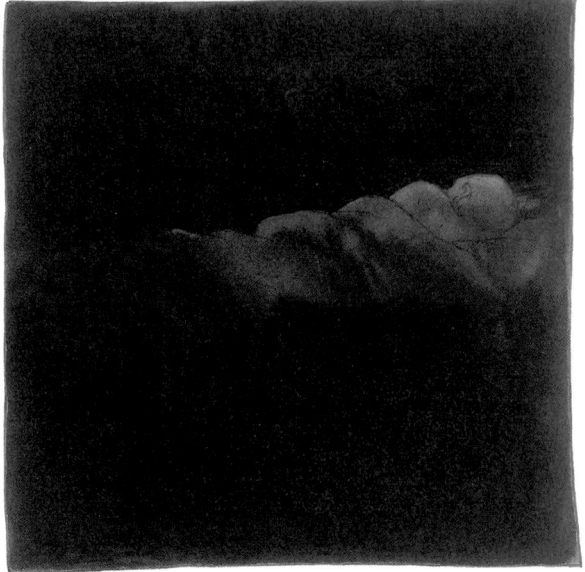

12. JUNI

HEUTE MORGEN SENDET MIR MEIN KÖRPER EINIGE EMPÖRTE SIGNALE.

ER HAT NOCH NICHT BEGRIFFEN, DASS DIES DAS PROGRAMM FÜR DIE NÄCHSTEN WOCHEN IST.

ICH WEISS, ER WIRD ZWEI, DREI TAGE BENÖTIGEN.

GUTEN TAG!

TAG!

SO WAS! MACHEN SIE DIE TOUR VERKEHRT HERUM?

HAHA-HA!

HEHE! JA ... ICH WEISS AUCH NICHT, DAS KAM SO ÜBER MICH ...

KOMISCHE IDEE!

ALLES GUTE!

IHNEN AUCH!

AH, HALLO!

VIELLEICHT WISSEN SIE'S NICHT, ABER SIE GEHEN IN DIE FALSCHE RICHTUNG!

HA-HAHA-HA!

ICH SCHÄTZE, DASS ICH VIER TAGE AUF DIESEM WEG BRAUCHE, BEVOR ICH IN RICHTUNG NORDEN ABBIEGE.

HE, ES GEHT DORT LANG!

WAR ES NICHT SCHÖN? SIND SIE WIEDER UM-GEKEHRT?

GUCK MAL, DER TYP GEHT IN UMGEKEHR-TER RICH-TUNG!

GEHEN SIE ANDERS-HERUM?

HAHA-HA!

ER GEHÖRT ZU DEN WEGEN, DEN »PILGER« NEHMEN, UM NACH SANTIAGO DE COMPOSTELA ZU LAUFEN.

EINIGE JUNGE LEUTE. ABER VOR ALLEM RENT-NER. VIELE FRAUEN, DIE ZU ZWEIT ODER ZU DRITT REISEN.

WAS SUCHEN SIE AUF DIESEM WEG?

WARUM LÄUFT MAN?

MAN SOLLTE NICHT DER VERSUCHUNG ERLIE-GEN, DIESE FRAGEN ZU BEANTWORTEN.

WIE AUCH IMMER, DIESMAL LAUFE ICH, UM EIN BUCH ZU MACHEN.

MITTAGS LEGE ICH MIT HUNGRIGEM MAGEN MEINEN RUCKSACK AM WEGESRAND AB.

EINEN SCHÖNEN ORT FÜRS MITTAGESSEN ZU FINDEN IST ÜBERAUS WICHTIG.

(NUN JA, MANCHMAL FÜHRTE MICH DAS AN DEN RAND DER UNTERZUCKERUNG.)

MIT DEM HINTERN IM GRAS KAUE ICH GEWISSENHAFT.

WIE VIELE SAPIENS HATTEN BEREITS GELEGENHEIT, DIESES WUNDERVOLLE TAL ZU BETRACHTEN ...

... UND HABEN ÜBER DIE JAHRHUNDERTE DIESE HÜGEL ÜBERQUERT?

WIE VIELE ANGESAMMELTE EXISTENZEN? WIE VIELE MENSCHLICHE STRATEN?

VON HIER AUS SCHEINT DIE LANDSCHAFT SIE IN EINER SANFTEN BEWEGUNG ZU UMARMEN UND ZURÜCKHALTEN ZU WOLLEN. BIS HIN ZU UNSEREN ENTFERNTESTEN VORFAHREN VERSAMMELT DAS CÉLÉ-TAL BEDÄCHTIG DIE SPUREN JENER, DIE SEINEN BODEN BETRATEN.

UND DIE BILDER, DIE UNTER UNSEREN SCHRITTEN PULSIEREN, SCHEINEN SIE ZU VERBINDEN.

EIN ZEICHNER-SPLEEN, MÖGEN SIE SAGEN.

VIELLEICHT.

DIE EXISTENZ DIESER VERZIERTEN HÖHLEN BERÜHRT MICH.

ANDERS WEISS ICH ES NICHT AUSZUDRÜCKEN.

UND EHRLICHERWEISE KANN ICH NICHT SAGEN, OB DIESES GEFÜHL MIT MEINEM MENSCHSEIN UND DER SOLIDARITÄT MIT MEINEN ENTFERNTEN VETTERN ZUSAMMENHÄNGT ODER MIT MEINEM STATUS ALS ZEICHNER, DER VON DER NÄHE IHRER TÄTIGKEIT BERÜHRT IST.

WIE AUCH IMMER, BEI MEINEM ERSTEN BESUCH IN PECH MERLE IST MIR DAS MIT WENIGEN STRICHEN GEZEICHNETE MAMMUT IM GEDÄCHTNIS GEBLIEBEN.

EINE KLARE, FREIE UND PRÄZISE SKIZZE.

DER KRÄFTIGE HALS, DAS GLATTE FELL, DIE STÖRRISCHE KOPFHALTUNG, DER SCHWUNG DER STOSSZÄHNE.

PERFEKT AUF DIESE WELT GEBRACHT UND BEREITS IN BEWEGUNG: DAS TIER, ES IST DORT.

FÜR UNS, DIE KAUM EINE CHANCE HABEN, EINES TAGES EINEM LEBENDEN MAMMUT ZU BEGEGNEN, STELLT SICH DURCH DEN LEBENDIGEN STRICH DER ZEICHNUNG EINE DIREKTE VERBINDUNG ZUM TIER HER.

ES IST DIE GEGEN-WART DES PLA-NETEN ERDE.

UND DIE PERSON, DIE ES GEZEICHNET HAT, WAS WISSEN WIR VON IHR?

ALLE MALEREIEN DER HÖHLE SIND DAS WERK VON HOMO SAPIENS, DEN CROMAGNON, DIE HIER IN DER ALTSTEINZEIT LEBTEN.

DIESES MAMMUT IST TEIL EINES GROSSEN FRIESES VON FÜNFUND-ZWANZIG TIEREN, DER CIRCA 22.000 JAHRE ALT IST ...

SEIT 1997 GEHÖRT BERTRAND DEFOIS ZUM TEAM, DAS ÜBER DIE HÖHLE VON PECH MERLE WACHT. ER VERBRINGT SEINE TAGE DORT. ES VERSTEHT SICH VON SELBST, DASS ER SIE IN- UND AUSWENDIG KENNT.

SAH DIESES TAL DAMALS GE-NAUSO AUS WIE HEUTE?

JA UND NEIN.

JA, WEIL ES SICH SEIT DER ALTSTEINZEIT FAST NICHT VERÄNDERT HAT. DIE EROSION HAT ETWAS AN DEN RELIEFS GENAGT, ABER DIE FELSEN WA-REN DORT, DER FLUSS AUCH, SELBST WENN ER SICH EINIGE METER TIEFER IN DEN BODEN GEGRABEN HAT.

NEIN, WEIL DIE PFLANZENDECKE VÖLLIG ANDERS WAR. VERSUCH DIR DIESEN ORT MIT EINEM UM FÜNF ODER ZEHN GRAD KÄLTEREN KLIMA UND VIEL WENIGER BÄUMEN VORZUSTELLEN ...

EIN BISSCHEN WIE AUBRAC HEUTE ODER DIE HOCHEBENEN DER MONGOLEI. EINE STEPPENLANDSCHAFT MIT DEN ENT-SPRECHENDEN TIEREN: RENS UND BISONS ...

... UND EBEN MAMMUTS.

UND DIE MENSCHEN, DIE HIER LEBTEN?

JÄGER UND SAMMLER, DIE VOR 40.000 ODER 45.000 JAHREN AUS AFRIKA GEKOMMEN SIND, MIT EINER EHER VIELFÄLTIGEN ERNÄHRUNG, RECHT GROSS UND MIT EINER LEBENSERWARTUNG VON BIS ZU VIERZIG ODER FÜNFZIG JAHREN. SAPIENS WIE DU UND ICH ...

UND AUCH DIE ERSTEN ZEICHNER. WIR HABEN ETWAS MITEINANDER GEMEIN!

JA. MIT DIESEN SAPIENS, DEN CROMAGNON, KOMMT DIE KUNST. WIR KENNEN DIE ÄLTESTEN MALEREIEN IN DER CHAUVET-HÖHLE IN DER ARDÈCHE. SIE SIND 36.000 ODER 37.000 JAHRE ALT. IN PECH MERLE IST EIN GROSSTEIL DER ABBILDUNGEN ZWISCHEN 20.000 UND 30.000 JAHRE ALT.

ABER DIE FORSCHUNG ENTWICKELT SICH UND NEUE ENTDECKUNGEN SIND NOCH MÖGLICH! VIELLEICHT WERDEN WIR EINES TAGES ZEICHNUNGEN FINDEN, DIE 40.000 ODER 50.000 JAHRE ALT SIND.

DAS WÜRDE HEISSEN, DASS DER NEANDERTALER AUCH ZEICHNUNGEN ANGEFERTIGT HAT. DAS WÄRE EINE REVOLUTION!

IN SPANIEN HABEN FORSCHER SEHR WEIT ZURÜCKLIEGENDE DATEN VON ABBILDUNGEN VERKÜNDET, WAS BEDEUTEN WÜRDE, DASS DER NEANDERTALER SIE GEZEICHNET HAT ...

ABER DIE WISSENSCHAFTSGEMEINDE SIEHT DIE ERGEBNISSE ETWAS SKEPTISCH.

WELCHE ART VON ZEICHNUNGEN?

NICHT-FIGURATIVE, SYMBOLISCHE ZEICHNUNGEN. UND IN DER HÖHLE VON BRUNIQUEL, SIEBZIG KILOMETER SÜDLICH VON PECH MERLE, HABEN WIR ZWEI KREISFÖRMIGE BAUTEN AUS GEBROCHENEN STALAGMITEN GEFUNDEN. DIESE KREISE WURDEN KÜRZLICH AUF 176.000 JAHRE DATIERT ... WEIT VOR DER ANKUNFT DER SAPIENS!

WAS DIE ANGEHT, KANN MAN DAHER SICHER SEIN, DASS SIE VON NEANDERTALERN ANGEFERTIGT WURDEN!

JA, ABER DAS SIND KEINE ZEICHNUNGEN ...

DENNOCH SIND ES MENSCHLICHE SPUREN, DIE OFFENBAR SYMBOLISCH SIND. NATÜRLICH VERSTEHEN WIR IHREN SINN NICHT, ABER IHRE EXISTENZ IST DOCH SPANNEND, ODER?

OB SICH SAPIENS UND NEANDERTALER AUF DIESEN HÜGELN BEGEGNET SIND?

DER NEANDERTALER IST VOR 35.000 ODER 40.000 JAHREN AUSGESTORBEN, KURZ NACH DER ANKUNFT DES HOMO SAPIENS.

EINIGE GRUPPEN WURDEN VIELLEICHT IM AKTUELLEN EUROPA DURCH DIE EISZEIT ISOLIERT.

WIR GLAUBEN, DASS SIE SICH HIER IN DER REGION UND ANDERSWO IN WESTEUROPA IN EINEM ZEITRAUM VON 5.000 ODER 10.000 JAHREN BEGEGNET SIND.

ANSCHEINEND HABEN WIR IN UNSERER DNA SOGAR EIN BISSCHEN VOM NEANDERTALER!

NUN GUT, KOMMEN WIR AUF DAS TOLLE MAMMUT VON PECH MERLE ZURÜCK, DAS EINE ECHTE ZEICHNUNG IST!

ES GEHÖRT ZU EINEM FRIES, DEN WIR DEN »SCHWARZEN FRIES« NENNEN.

ES IST EIN ENSEMBLE VON FÜNFUNDZWANZIG ZEICHNUNGEN AUF EINER SIEBEN MAL DREI METER LANGEN WAND, AUF DER MAMMUTS, BISONS, PFERDE, AUEROCHSEN UND REIHEN VON PUNKTEN ABGEBILDET SIND. WIR DENKEN, DASS ES DAS WERK EINER PERSON IST, EINES ZEICHENMEISTERS, DER IHN IN EINER RECHT KURZEN ZEIT ANFERTIGTE.

»RECHT KURZ«, WAS HEISST DAS?

WIR SCHÄTZEN, DASS ER EIN BIS EINEINHALB STUNDEN GEBRAUCHT HAT!

WENN DU SO WILLST ... ABER SIE IST DENNOCH AUSGEARBEITET, WIR KONNTEN HERAUSFINDEN, DASS SIE SPIRALFÖRMIG ANGELEGT IST. ER HAT MIT DER ZENTRALEN FIGUR BEGONNEN UND DANACH DIE RANDELEMENTE GEZEICHNET. ES WURDEN EINIGE STRICHE MIT EINEM HOLZSTAB AUF DER WAND GEZOGEN, BEVOR DIE ZEICHNUNG ANGEFERTIGT WURDE ...

WIRKLICH? MIR GEFÄLLT DIE VORSTELLUNG, DASS EINE SCHNELL ANGEFERTIGTE ZEICHNUNG EINE SOLCHE LEBENSDAUER HAT. EIGENTLICH IST ES EINE ART SKIZZE!

SOMIT IST ES EINE AUFGEBAUTE KOMPOSITION.

DIESER FRIES GEHÖRT ZU EINEM ENSEMBLE VON ZEICHNUNGEN MIT SCHWARZEM STRICH, VON DENEN AUCH ANDERE IN DEM SAAL DER MALEREIEN GEFUNDEN WURDEN, IN DEM SICH DIE »GEPUNKTETEN PFERDE« BEFINDEN.

GUT, DIE GEPUNKTETEN PFERDE SIND SICHER DAS BERÜHMTESTE BILD VON PECH MERLE. ABER MIR IST EHRLICH GESAGT DIESES KLEINE MAMMUT BEI MEINEM ERSTEN BESUCH GLEICH INS AUGE GEFALLEN!

HAHA, JA! DIE MALEREI DER GEPUNKTETEN PFERDE IST SO WAS WIE UNSER STAR!

2012 KONNTEN MESSUNGEN DIE DATIERUNG DIESER ZEICHNUNGEN PRÄZISIEREN. BISHER HIELTEN WIR SIE FÜR 24.600 JAHRE ALT. SIE SOLLEN ABER 29.000 JAHRE ALT SEIN.

UND DAS VERBLÜFFENDE IST, DASS EIN PAAR METER VON DIESEN PFERDEN ENTFERNT DAS BILD EINES BISONS PRANGT, DAS MIT MANGAN GEZEICHNET WURDE, WIE DAS KLEINE MAMMUT, DAS DU SO LIEBST. IN DERSELBEN ZEIT ANGEFERTIGT!

WIR HABEN HIER ALSO AUF DERSELBEN WAND ZWEI ZEICHNUNGEN, DIE IN EINEM ABSTAND VON 5.000 ODER 7.000 JAHREN GEMACHT WURDEN!

WAS MICH FASZINIERT, IST, DASS, WENN DER ZEICHNER DES SCHWARZEN FRIESES ES GEWUSST HÄTTE, ER DIE GEPUNKTETEN PFERDE FAST GENAU SO HÄTTE BETRACHTEN KÖNNEN, WIE WIR HEUTE DIE GESAMTHEIT DER ZEICHNUNGEN DER HÖHLE BETRACHTEN: ALS EIN ZEICHEN UNSERER SAPIENS-BRÜDER AUS DER VERGANGENHEIT!

DER ZEICHNER DES SCHWARZEN FRIESES HAT DIE GEPUNKTETEN PFERDE GESEHEN, DAS IST PRAKTISCH SICHER. SIE SIND NUR DREI METER VON SEINEN EIGENEN ZEICHNUNGEN ENTFERNT!

WENN ICH MICH ALSO NICHT IRRE ...

... HEISST DAS, DASS DIE GEPUNKTETEN PFERDE FÜR IHN ÄLTER WAREN, ALS ES FÜR UNS DIE ÄGYPTISCHEN PYRAMIDEN SIND!

HAHA! JA!

DAS IST SCHWINDEL-ERREGEND!

UND WAS WEISS MAN ÜBER DIE GRÜNDE, WARUM DIESE SAPIENS ZEICHNETEN?

DAS IST NATÜRLICH SEHR KOMPLIZIERT.

WIR GLAUBEN EHER AN SO ET-WAS WIE MAGISCHE SITZUNGEN VOR EINER JAGD.

SIE JAGTEN HAUPTSÄCHLICH RENTIERE, DIE SELT-SAMERWEISE KAUM AUF DEN FRESKEN ERSCHEINEN.

DANN IST ES ETWAS AN-DERES ...

DIE HÖHLE IST EINE UNTERWELT, WO DIE GEOGRA-FISCHE, ZEITLICHE, VISUELLE UND AKUSTISCHE ORIENTIERUNG VERÄN-DERT WIRD. MAN MUSS SICH ALL DAS VON EINER KLEINEN, ZITTERNDEN FLAMME ERHELLT VORSTELLEN: MIT DEN SCHATTEN BEWEGT SICH ALLES!

WIR SIND ALSO IN EINER ÜBERNATÜRLICHEN WELT, VIELLEICHT AN EINEM HEILIGEN ORT, AN DEM HÖHERE MÄCHTE HERRSCHEN, DIE ZUR SCHÖP-FUNG ANIMIEREN.

ES IST EINE TÜR ZUR SPIRITUALITÄT DIESER PRÄHIS-TORISCHEN SAPIENS. DIE HÖHLE KANN AUCH ALS DER LEIB DER WELT ANGESEHEN WERDEN, EIN RAUM, IN DEM DIE SCHÖPFUNG DER WELT VONSTATTENGEHT ...

WIR WERDEN SICHER NIE ERFAHREN, WARUM GENAU SIE GEZEICHNET HABEN.

HA-HAHA!

WEISST DU, WAS?

ICH FINDE DAS GUT!

DANKE JEDENFALLS, BERTRAND!

VIEL SPASS NOCH!

BIS BALD!

ICH BIN IHNEN NOCH EIN PAAR ERKLÄRUNGEN SCHULDIG.

NEIN, BERTRAND DEFOIS HAT MICH NICHT AM WEGESRAND ERWARTET.

ABER DIESES GESPRÄCH HAT TATSÄCHLICH STATTGEFUNDEN, ANDERSWO, FRÜHER.

DIESE ERZÄHLUNG IST IM GRUNDE EIN VERSUCH, ÜBER UNSERE TOTALE ABHÄNGIGKEIT VON DIESEM PLANETEN UND SEINEM BODEN ZU SPRECHEN.

EIN GEWAGTER UND IMPROVISIERTER VERSUCH ...

DIESE STUNDEN DES MARSCHS SIND EINE INDIVIDUELLE ERFAHRUNG, DIE MAN ÜBER DAS SCHREIBEN, DIE ZEICHNUNG UND DAS BUCH MITEILEN KANN. WAS ICH ERZÄHLEN WILL, STÜTZT SICH AUF EINEN SENSIBLEN ANSATZ MEINER ERFAHRUNG. ICH WILL DIE HITZE, DEN DURST, DEN STAUB, DEN SCHLAMM, DIE UNBEQUEMLICHKEITEN UND DIE ERSCHÖPFUNG VERMITTELN.

AUCH DIE FREUDE.

DIE PRIMÄRE UND GRUNDLEGENDE FREU-DE, AUF DEM BODEN ZU LEBEN.

ABER ICH WILL ALL DIES MIT ANDEREN, SOLI-DEREN ERFAHRUNGEN UNTERFÜTTERN.

ALSO HABE ICH EINIGE FRAUEN UND MÄNNER, DIE UNS INTERESSANTES ZU DIESEM THEMA ERZÄHLEN KÖNNEN, EINGELADEN, MICH – UNS – VIRTUELL AUF DIESER WANDERUNG ZU BEGLEITEN.

ANDERE KOM-MEN NOCH.

ICH NÄHERE MICH DEM DÖRFCHEN ESPAGNAC.

IN DESSEN UMGEBUNG, AM UFER DES CÉLÉ, LEBEN DIE SAPIENS HÉLÈNE UND DAMIEN, BEIDE COMICAUTOREN.

IHRE TERRASSE HEISST DEN ERSCHÖPFTEN REISENDEN WILLKOMMEN.

CLAUDE IST UNSER GEMEINSAMER REDAKTEUR.

ER IST MIT DEM ZUG ANGEREIST.

ER WIRD ZWEI TAGE MIT MIR GEHEN.

DEIN JOB, »DIE AUTOREN ZU BEGLEITEN«, TRIFFT ES DIESMAL WORTWÖRTLICH, WAS?

DAS NENNT MAN, DAS NÜTZLICHE MIT DEM ANGENEHMEN VERBINDEN.

13. JUNI

UNTER EINEM PERFEKTEN HIMMEL LAUFEN WIR DEN FLUSS ENTLANG UND REDEN ÜBER DAS BUCH, DAS MIT JEDEM SCHRITT GESTALT ANNIMMT.

DAS KLINGT JETZT FALSCH, ABER EGAL ...

ICH WERDE DIESES BUCH ERLAUFEN.

BÉDUER IST EIN DORF, DAS AN DER SÜDSEITE DES TALS LIEGT.

HÖRST DU DEN RUF DIESER KLEINEN TERRASSE?

ICH HÖRE IHN LAUT UND DEUTLICH!

TAG.

HALLO.

GEHEN SIE WEIT?

ICH BIN IN FIGEAC AUFGEBROCHEN, DORT UNTEN. DAS IST MEINE ERSTE PAUSE ...

ES IST MEINE ERSTE WANDERUNG. ICH ENTDECKE ALLES. SEHEN SIE ...

MEIN RUCKSACK IST NEU, MEINE SCHUHE SIND EBENFALLS NA-GELNEU ...

MAN SAGTE MIR, ES SEI UNKLUG, SIE VORHER NICHT AUSZUPROBIEREN.

ABER SO IST DAS HALT.

ICH GEHE NACH CAHORS. DAS DAUERT DREI, VIER TAGE, ODER?

JA, SO UNGE-FÄHR. ES IST SEHR SCHÖN, SIE WER-DEN SEHEN.

ICH WEISS, ICH LEBE HIER.

»ICH MUSS ALLEIN SEIN«, SAGT SIE UNS. »ES IST WICHTIG, AB UND ZU MIT SICH SELBST KON-FRONTIERT ZU SEIN, ODER? DESHALB HABE ICH BESCHLOSSEN, EINE WEILE WEGZUGEHEN.«

WIR AHNEN, DASS DAS LAUFEN IN IHREM FALL EIN WEG IST, EIN PROBLEM ZU BEWÄLTIGEN. ABER WIR FRAGEN NICHT.

EINEN SCHÖNEN TAG NOCH ... UND VIEL SPASS!

ALLES GUTE!

WIR SEHEN, WIE SIE FRISCH UND EIFRIG IHRES WEGES ZIEHT.

MAN SPÜRT DAS HOCHGEFÜHL UND EIN WENIG BESORGTHEIT IN DER ART, WIE SIE IHREN NEUEN RUCKSACK AUF DEN SCHULTERN TRÄGT.

EINES IST SICHER: FÜR SIE IST ES EIN ENTSCHEIDENDER MOMENT.

FÜR EIN PAAR TAGE ODER EIN PAAR WOCHEN AUFZUBRECHEN IST IM GRUNDE DASSELBE.

MAN BRICHT AUS DEM ALLTAG AUS UND KEHRT ZURÜCK ZU EINEM ZUSTAND, DER UNS ALLEN GEMEIN IST, WO WIR UNS VIELLEICHT WIEDER SELBST FINDEN KÖNNEN.

EINFACH NUR EXISTIEREN, INDEM MAN IN DIE OBERFLÄCHE DER WELT EINTAUCHT.

JA, ICH WEISS ...

»IN DIE OBERFLÄCHE EINTAUCHEN«, DAS KLINGT AUCH NICHT RICHTIG. DAS IST EINE AUSDRUCKS-WEISE, DIE EINEM WIDERSPRÜCHLICH ERSCHEI-NEN MAG ...

... SOFERN SIE ES NOCH NICHT VERSUCHT HABEN.

FIGEAC

DRITTER MARSCHTAG

WAS DIE WADEN UND DIE SCHLÜSSELBEINE ANGEHT, IST DER SCHMERZ NOCH DA.

DAS WIRD SICH GEBEN.

14. JUNI

HE? GEHEN SIE ANDERS-RUM?

DECAZEVILLE

ES GIBT SICH.

15. JUNI

CLAUDE KEHRT WIEDER ZU SEINEN RE-DAKTIONELLEN TÄTIGKEITEN ZURÜCK.

ICH, DER NOCH AUFRECHTE SAPIENS, GRÜSSE EHRERBIETIG DIESE UNBEKANNTE, IN IHRER KISTE LIEGENDE MITKREATUR, DIE AUF DEM WEG IN DIE TIEFEN IST.

ES IST NEUN UHR MORGENS. IN DEN DÖRFERN UN-TERHALB FLAMMT DIE STRASSENBELEUCHTUNG AUF.

ICH LAUFE MIT GROSSER FREUDE DEM BEVORSTEHENDEN GEWITTER ENTGEGEN.

GUTEN TAG!

HALLO.

GEHT ES HIER NACH DECAZEVILLE?

JA, GENAU.

MEINE GÜTE, MIT DIESEN BLITZEN UND MEINEN METALL-STÖCKEN SOLLTE ICH LIEBER DIE STRASSE VERLASSEN UND EINEN FELDWEG NEHMEN! DAS WÄRE KLÜGER!

ÄHM, ICH GLAU-BE NICHT, DASS ...

OH DOCH! BESTIMMT!

MEINE GÜTE! EIEIEI!

ALLES GUTE!

EIN TAG VOLLER EMOTIONEN. ERINNERUNGEN, DIE MAN ERZÄHLEN KANN. DANKE, WEG.

WAFF WAFF WAFF!

OH, MIST!

LOS DOCH ...

GEH ZUR SEITE ...

UNTER DEM ZUNEHMENDEN GEWITTER BESCHLIESST DER KLÄFFER, DEN EINSAMEN WANDERER EIN STÜCK ZU BEGLEITEN.

NACH EINIGEN MINUTEN VERSUCHE ICH IHN ZU VERSCHEUCHEN. ICH STAMPFE MIT DEM FUSS AUF, WERDE LAUTER.

ER HÖRT MEINE SCHIMPFTIRADEN AUFMERKSAM UND BEGEISTERT AN.

DANN LÄSST ER MIR EINIGE DUTZEND METER VORSPRUNG, BEVOR ER MICH IM GALOPP EINHOLT. ZWEI STUNDEN SPÄTER IST ER NOCH IMMER AN MEINER SEITE.

ANGESICHTS MEINER FEHLGESCHLAGENEN AUTORITÄTSDEMONSTRATION PROBIERE ICH EINE NEUE TAKTIK: DIE TOTALE GLEICHGÜLTIGKEIT.

DAS LÄSST MEINEN BEGLEITER KALT.

UND AUF EINEM PATSCHNASSEN WEG BIETET SICH MIR, WÄHREND ER BRAV WARTET, EINE FLÜCHTIGE VISION, AUS DER SIE IHRE EIGENEN SCHLÜSSE ZIEHEN MÖGEN. DIESE WERDEN WOHL MIT DEM STATUS DES TIERS ZU TUN HABEN, VOM SAPIENS GEZÄHMT ODER WILD GEBLIEBEN.

DU BLÖDMANN HAST NICHTS GE-SEHEN, HM?

MEINER ANSICHT NACH IST DIESE ART VON WINZIGEM EREIGNIS DAS SCHEUSSLICHE WET-TER UND DIE NASSEN FÜSSE ALLEMAL WERT.

WENN ICH MICH AUF DEN WEG MACHE, BEGINNE ICH ZU LAUFEN, LANGE BEVOR ICH MEINE SCHUHE ANZIEHE UND MEINEN RUCKSACK PACKE. DIE ANFÄNGLICHE WANDERUNG FINDET AUF MEINEM SOFA STATT.

SIE BESTEHT DARIN, DIE FANTASIE UND DEN APPETIT AUF DEN PFADEN DER WANDERKARTEN ANZUREGEN, WO WEDER WINDBÖEN NOCH BLÖDE HUNDE IHR UNWESEN TREIBEN.

AUF DEN TOP 25-KARTEN FINDET MAN DAS GESAMTE FRANZÖSISCHE TERRITORIUM IN EINEM MASSSTAB VON 1:25.000. EIN ZENTIMETER AUF DER KARTE SIND ZWEIHUNDERTFÜNFZIG METER VOR ORT.

EIN UNERSCHÖPFLICHER SPIELPLATZ.

MIT ETWAS ERFAHRUNG ERKENNT MAN DARAUF DEN KLEINSTEN BERGGRAT UND ENTDECKT DIE VERSCHWIEGENSTEN RUINEN.

MIT ETWAS ERFAHRUNG WEISS MAN VOR ALLEM, DASS NICHTS VON DEM, WAS EINEM DAS PAPIER VORGAUKELT, SICH VOR ORT BESTÄTIGT.

UND ALLMÄHLICH ERLISCHT DER IMAGINÄRE WEG ZUGUNSTEN DES TATSÄCHLICHEN WEGS.

ICH HABE DIESE REISE NACH BURE VERGANGENEN WINTER ÜBER STUNDEN AUF BESTIMMT DREISSIG KARTEN EINGEZEICHNET.

DIESE ERSTEN TAGE IN RICHTUNG OSTEN HABE ICH MIR VORGESTELLT WIE EIN AUFWÄRMTRAINING.

BIS ZU DEM PUNKT, AN DEM ICH NACH NORDEN ABBOG.

ALSO DANN.

FÜR DIESEN SIGNIFIKANTEN ORT MEINER REISE HATTE ICH MIR DAHER ERLAUBT, MIT ETWAS BEDEUTUNGSVOLLEM, EINEM SCHÖNEN FERNBLICK UNTER GRELLEM SONNENLICHT, ZU RECHNEN.

UND ES WAR NUR EINE KARGE, MATSCHIGE, VOM NEBEL UMHÜLLTE KREUZUNG.

GENAU DORT SEIN, WO MAN HINWOLLTE, UND ÜBERHAUPT NICHT DORT SEIN.

EINE DER WIDERSPRÜCHLICHEN FREUDEN DES LAUFENS LIEGT IN DIESER STÄNDIGEN UMKEHRUNG.

MACH DIR BLOSS KEINE HOFFNUNGEN!

ICH ERREICHE AM ENDE DES NACHMITTAGS MEIN ETAPPENZIEL.

GRAND VABRE

NIEMAND HIER KENNT MEINEN BEGLEITER, DER SICH BEHARRLICH WEIGERT, DASS MAN SEIN HALSBAND ÜBERPRÜFT.

ALS ICH DAS CAFÉ VERLASSE, IST ER WEG.

ICH BEKOMME EIN ZIMMER IN EINEM VERWAISTEN FERIENDORF. EIN GLÜCK.

DER GEDANKE, MEIN ZELT AUF EINEM NASSEN FELD AUFZUSCHLAGEN, WAR WENIG VERLOCKEND.

AM NÄCHSTEN MORGEN, ALS ICH AM CAFÉ VOR-
BEIKOMME, ERFAHRE ICH, DASS MAN DEN HUND
ERKANNT HAT. SEIN BESITZER WAR MIT DEM
AUTO HERGEFAHREN UND HATTE IHN GEHOLT.

NEIN, NEIN,
ES WAR NICHT
WEIT ... NUR EINE
VIERTELSTUNDE
FAHRT ...

DER FUSSGÄNGER UND DER AUTOFAHRER
NEHMEN DEN RAUM UND DIE ENTFERNUNGEN
UNTERSCHIEDLICH WAHR.

DIE FUSS-
GÄNGER-
WELT IST
GRÖSSER.

AVEYRON CANTAL

DECAZEVILLE AURILLAC
21 49

16. JUNI

MEINE ERSTEN SCHRITTE IM CANTAL SIGNALI-
SIERTEN MIR UNVERZÜGLICH: ICH HABE DIE GUT
BESUCHTEN WEGE VERLASSEN.

WIR STEHEN AM
SAISONBEGINN.

ES KOMMEN NUR
WENIGE LEUTE
HIER ENTLANG.

DER WEG IST
FAST UNKENNT-
LICH.

IN DIESEM DURCHNÄSSTEN WALD VERLIERE ICH
IHN ZWANZIGMAL.

DU WOLLTEST
DIE TOTALE
IMMERSION?

DA
HAST
DU SIE.

ERDE, WASSER.

ÜBERALL VEGETATION UND LICHT UM DICH HERUM.

WILLKOMMEN IN DER FÜRSORG-LICHSTEN SCHÖN-HEIT, DIE UNS DER PLANET ERDE ZU BIETEN HAT.

VON MADAGASKAR ÜBER VENEZUELA BIS LAOS IST MARC DUFUMIER EIN REISENDER AGRONOM, DER IN DER GANZEN WELT GEARBEITET HAT. ER HAT LANGE AN DER AGROPARISTECH GELEHRT. SEINE LEIDENSCHAFT FÜR DEN LEHRBERUF HAT IHN AUCH SEIT SEINER RENTE VOR EINIGEN JAHREN NICHT VERLASSEN UND ER HÄLT DORT VORTRÄGE, WOHIN AUCH IMMER MAN IHN EINLÄDT.

ER HAT MICH IN EINEM KLEINEN, VOLLGESTELLTEN BÜRO UNTER DEM DACH DER EHRWÜRDIGEN INSTI-TUTION EMPFANGEN. MIT DREIUNDSIEBZIG IST ER VOR MIR IM LAUFSCHRITT IN DIE FÜNFTE ETAGE GE-STIEGEN UND ERKLÄRTE MIR UNTERDESSEN, DASS DIES EIN ETWAS GEMEINER TEST SEI, UM ZU PRÜFEN, OB DIE NEUEN STUDENTEN AUSDAUER HÄTTEN.

ZUM GLÜCK HATTE ICH MEINEN RUCKSACK NICHT DABEI.

ALS STUDENT HATTE MARC MIT RENÉ DUMONT GEARBEITET, DEM ER ALS LEITENDER DOZENT AUF DEM LEHRSTUHL FÜR VERGLEICHENDE AGRARWIRTSCHAFT UND LANDWIRTSCHAFTLICHE ENTWICKLUNG NACHFOLGTE.

RENÉ DUMONT – ALS ERINNERUNG AN DIE JÜNGEREN UNTER IHNEN – WAR 1974 KANDIDAT BEI DEN FRAN-ZÖSISCHEN PRÄSIDENTSCHAFTSWAHLEN UND HIELT ES FÜR ANGEBRACHT, UNS IM FERNSEHEN BEI EINEM GLAS WASSER ZU ERKLÄREN, DASS ES AN DIESER KOSTBAREN RESSOURCE BALD MANGELN WÜRDE.

MAN LACHTE.

MAN SEUFZTE.

ACH, DIESE ÖKOS.

EINIGE JAHRZEHNTE SPÄTER LACHT KAUM JEMAND MEHR.

WIE ER, SO ERFORSCHT AUCH MARC DIE VERBINDUNGEN ZWISCHEN DEN MENSCHEN UND DIESEM PLANETEN, DER BEREIT IST SIE AUFZUNEHMEN (UND SIE ZU ERNÄHREN, AUCH WENN SIE DIESES KLEINE DETAIL MITUNTER VERGESSEN).

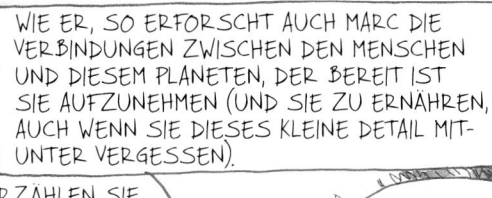

ERZÄHLEN SIE VOM BODEN, MARC!

EINES IST SICHER: UNSEREM DERZEITIGEN WISSEN ZUFOLGE IST DER BODEN EIN EINZIGARTIGES PHÄNOMEN IM UNIVERSUM. ER IST DEM PLANETEN ERDE EIGEN.

WAGEN WIR EINE DEFINITION?

ES IST DIESE SCHICHT, DIE WIR AN DER OBERFLÄCHE SEHEN. UM ZU EXISTIEREN, BRAUCHTE SIE WASSER UND EIN INTENSIVES MIKROBIELLES LEBEN, WAS ES NIRGENDWO ANDERS ALS HIER GIBT!

ABER WAS GENAU IST DIESER BODEN?

EINE DÜNNE SCHICHT VON VERMISCHTEN MINERALIEN UND LEBEN?

ZUNÄCHST ENTHÄLT ES IRDISCHES MAGMA, DAS AN DER OBERFLÄCHE ERKALTET IST UND ZU DEM WURDE, WAS WIR MUTTERGESTEIN NENNEN.

DIESES WURDE DANN DURCH DIE EINWIRKUNG DES WASSERS VERÄNDERT ...

DAS LEBEN ENTSTEHT AUS ELEMENTEN, DIE IMSTANDE SIND, NACH ALLDEM ZELLEN ZU FABRIZIEREN.

ES ENTSTANDEN ALSO EINE MENGE MIKROORGANISMEN ...

BAKTERIEN ...

PILZE ...

UND SPÄTER PFLANZEN ...

TIERE ...

DANN DER HOMO SAPIENS.

KEIN BODEN, KEIN SAPIENS.

DANN IST DER BODEN ALSO LEBENDIG?

NATÜRLICH! UND NICHT NUR DANK SEINER BAKTERIEN, SONDERN AUCH DANK KOMPLEXEREN WESEN WIE DEN PILZEN, DEN ASSELN, DEN NEMATODEN, DEN KÄFERN UND DEN REGENWÜRMERN, DIE WIR GEDANKENLOS JEDEN TAG BEIM LAUFEN ZERTRETEN.

ICH BITTE SIE UM ENTSCHULDIGUNG.

EIN SCHWARZER BODEN IST EIN HUMUSREICHER BODEN, ENTSTANDEN AUS VERROTTETEN ÄSTEN UND LAUB, WAS EBEN VON DEN REGENWÜRMERN VERDAUT WIRD, WELCHE DARÜBER HINAUS GÄNGE GRABEN UND SO DEM WASSER GESTATTEN DIE PFLANZEN ZU ERNÄHREN.

DER HUMUS ZERSETZT SICH DANN SEINER-SEITS.

ER ENTHÄLT SEHR VIEL KOHLENSTOFF.

DESHALB KRITI-SIEREN WIR DAS TIEFE PFLÜGEN, WEIL ES KOHLENSTOFF FREISETZT.

WOHIN GEHT DIESER FREIGESETZ-TE KOHLEN-STOFF?

ER GEHT ZURÜCK IN DIE LUFT, IN FORM VON KOHLENDIOXID: EIN TREIBHAUSGAS! HUMUS IST ZU 50 % KOHLEN-STOFF!

DIE LANDWIRT-SCHAFT KANN DAZU BEITRAGEN, IHN ZU LA-GERN, INDEM SIE ZAHL-REICHE PFLANZENRESTE UND TIERKOT IN DEN BODEN EINBRINGT UND IHN DANN NICHT ZU STARK BE-ARBEITET.

WAS AUCH DEN VORTEIL HAT, ALL DAS LEBENDIGE BODENLEBEN ZU ERNÄHREN!

DESHALB EMPFEH-LEN WIR IN DER AGROÖKOLOGIE, EINE MÖGLICHST GROSSE PFLAN-ZENDECKE ZU BEWAHREN.

ABER AUF DEM LAND SIEHT MAN NOCH OFT DAS GENAUE GEGENTEIL.

DAS FÜHRT ZU EINER BODENVERARMUNG UND ZUM EINSATZ VON KUNSTDÜNGER, DESSEN HERSTELLUNG OFT SEHR VIEL GAS, ÖL UND FOSSILE ENERGIEN VERBRAUCHT, DIE WIR IN GROSSEM UMFANG IMPORTIEREN MÜSSEN UND VON DENEN WIR WISSEN, DASS SIE BALD KNAPP WERDEN.

MITTLERWEILE IST ES OHNEHIN KLAR: DER KUNSTDÜNGER IST EINE ÜBERHOLTE METHODE, EIN TECHNISCHER ARCHAISMUS.

HABEN WIR DENN EINE ALTERNATIVE?

NATÜRLICH! ZUM BEISPIEL DUNG, KOMPOST UND PFLANZEN AUS DER GATTUNG DER HÜLSENFRÜCHTE, WIE LUZERN, KLEE ODER LINSEN, IN VERBINDUNG MIT KUNST- ODER DAUERWIESEN.

HÜLSENFRÜCHTE LIEFERN UNS NÜTZLICHE PROTEINE FÜR UNSERE ERNÄHRUNG UND VERSORGEN DEN BODEN MIT STICKSTOFF.

DIE PFLANZE, DIE IM JAHR DARAUF ANGEBAUT WIRD, BEKOMMT DEN VON DER HÜLSENFRUCHT ZURÜCKGELASSENEN STICKSTOFF. DAS NENNT MAN FRUCHTFOLGE!

MACHEN SIE UNTERWEGS AUCH MAL EINE PINKEL-PAUSE?

DAS KOMMT VOR ...

DAS IST AUCH EINE GUTE ART, DEM BODEN STICKSTOFF ZUZU- FÜHREN. WIE ZUM BEISPIEL KUHMIST UND PFERDEÄPFEL, DIE EINE ENT- SCHEIDENDE ROLLE SPIELEN, UM DIE WELT DA UNTEN ZU ERNÄHREN.

UND STICK- STOFF, DAS SIND 79 % DER LUFT, DIE UNS UMGIBT.

DER WIRD NICHT KNAPP WERDEN!

UND DARIN LIEGT EIN INTERESSAN- TES PARADOX ...

WELCHES PARADOX?

NUN JA, DER BODEN IST UNER- LÄSSLICH FÜR DIE EXISTENZ DES LEBENS, DAS STEHT FEST. ABER UNSERE ENERGIE KOMMT IM WESENTLICHEN AUS DER LUFT UND VON DER SONNE.

DIE FOTO- SYNTHESE?

GENAU. DIE PFLANZE FÄNGT DEN KOHLENSTOFF DES KOHLENDIOXIDS AUF UND GIBT SAUERSTOFF FREI.

DAFÜR SIND WIR IHR DANKBAR ...

ALLERDINGS. UND AUSSERDEM STELLT SIE MIT DEM KOH- LENSTOFF ZUCKER HER, DEN WIR AUCH KOHLENHYDRAT NEN- NEN, UND ÖLE, DIE WIR LIPIDE NENNEN. DAS IST DER ENERGIE- REICHE TEIL UNSERER NAHRUNG.

DIE MINERALISCHEN ELEMENTE INDES WER- DEN UNS ABER ÜBER DEN BODEN GE- LIEFERT.

ICH HABE EINE ALLGEMEINE FRAGE. SIE HABEN MIT VIELEN BAUERN AUF DEM GANZEN PLANETEN AN SEHR UN- TERSCHIEDLICHEN ORTEN GEARBEITET. GIBT ES ETWAS, DAS SIE MITEINANDER GEMEIN HABEN, WAS IHRE BEZIEHUNG ZUM BODEN ANGEHT?

MMH... MEINER ANSICHT NACH – UND WOHL- GEMERKT »ANSICHT«, DENN DAS IST KEINE WISSENSCHAFTLICHE FESTSTELLUNG – GEHEN DIE LEUTE, DIE ANIMISTISCHEN RELIGIONEN ANHÄNGEN, RESPEKTVOLLER MIT DEM BIOTOP UM, DAS SIE BEHERBERGT.

DAS HEISST?

ZUM BEISPIEL EIN HEILIGER WALD, DEN MAN SICH SELBST ÜBERLÄSST, WEIL MAN ANGST VOR DEN DORT LEBENDEN GÖTTERN HAT, IST EIN IDEALER RAUM FÜR DAS BODENLEBEN.

BEI UNS MONOTHEISTEN HABE ICH DAS GEFÜHL, DASS WIR EROBERN, BEHERRSCHEN, AUSBEUTEN WOLLEN, ALS WÜRDEN WIR UNS ALL- MÄCHTIG FÜHLEN. TUN WIR ES IN GOTTES NAMEN?

»WACHSET UND MEHRET EUCH« ... ALL DAS ...

GENAU. ABER NOCH MEHR ALS DIE RELIGION IST IN WAHRHEIT DER ÖKONOMISCHE PUNKT ENTSCHEIDEND.

DER SAPIENS GESTALTET SCHON SEIT LANGEM DIE ÖKOSYSTEME.

ABER VOR DEM KAPITALISMUS TATEN WIR ES AUF EFFIZIENTE, RESPEKTVOLLE UND NACHHALTIGE ART.

ZUM BEISPIEL DER BOCAGE* IN FRANKREICH MIT SEINEN HECKEN UND FELDERN IST KEIN BISSCHEN NATÜRLICH.

ABER ER IST SEHR DURCHDACHT, PRODUKTIV UND NACHHALTIG.

UND DIE AGROÖKOLOGIE, DIE ICH SEIT JAHREN LEHRE, HABEN MIR IN IHREN GRUNDSÄTZEN MADEGASSISCHE FRAUEN AUF IHREN REISFELDERN NÄHERGEBRACHT.

DAS WAR 1969. ICH KAM ALS JUNGER AGRONOM MIT DER TASCHE VOLLER DIPLOME UND GUTER ABSICHTEN AUS FRANKREICH, UM IHNEN EINE NEUE, HOCHPRODUKTIVE REISSORTE ANZUBIETEN ...

... DEREN ANBAU MAN MIT KUNSTDÜNGER UND PESTIZIDEN UNTERSTÜTZEN MUSSTE.

SIE MERKTEN AN, DASS ICH MIT ALLDEM DIE ENTEN TÖTEN WÜRDE, DIE DIE REISFELDER SAUBER HIELTEN, WIE AUCH DIE FRÖSCHE UND DIE FISCHE, DIE SEIT HUNDERTEN VON JAHREN EINE PROTEINQUELLE FÜR DIE DORT LEBENDEN MENSCHEN DARSTELLTEN.

DA WURDEN MIR LANGSAM GEWISSE FEHLER DER WESTLICH-KAPITALISTISCHEN WISSENSCHAFTSTECHNIK OFFENBAR.

DIE NORMEN DER AGRONOMIE VERLEIHEN EINEM, GENAU WIE DIE MONOTHEISTISCHEN RELIGIONEN, EIN ZU GROSSES SELBSTVERTRAUEN ...

UND SO WERDEN WIR ZU ANTHROPOZENTRIKERN.

ABER IM GEGENSATZ ZU DEN GÄNGIGEN BEHAUPTUNGEN IST NICHT UNBEDINGT DER MENSCH FÜR DEN KLIMAWANDEL VERANTWORTLICH.

DAS SIEHT MAN GUT AM BOCAGE UND AN DEN REISFELDERN.

WER IST ES DANN?

* BOCAGE: EINE VON FLUREN UND HECKEN GEPRÄGTE LANDSCHAFT IM NORDEN UND WESTEN VON FRANKREICH

DER KAPITALISMUS.

DANKE, MARC.

ICH HABE ÜBRIGENS MEINE KINDHEIT IM BOCAGE IM FRANZÖSISCHEN WESTEN VERBRACHT.

ES WAR EINE KINDHEIT DES 20. JAHRHUNDERTS.

EINE KINDHEIT OHNE BILDSCHIRME.

DAFÜR MIT FREUNDEN, HUNDEN. EINE KINDHEIT, IN DER MAN SOMMER WIE WINTER DRAUSSEN HERUMLIEF.

ABER PAUSENLOS HATTE ICH DIESES DIFFUSE GEFÜHL, ALS WÜRDE ICH AN DIE GRENZEN EINES SCHMALEN FELDES, EINER DORNIGEN HECKE, EINES ZAUNES STOSSEN.

DAHER ERSCHIEN MIR DIESE LANDSCHAFT SCHNELL BANAL UND KLEINLICH.

MEIN GESCHMACK AN UNGEBREMSTEN WANDERUNGEN DURCHS HOCHGEBIRGE WURZELT VIELLEICHT IN DIESEN ZU KURZEN LAUFSTRECKEN.

WIE AUCH IMMER, EINIGE JAHRZEHNTE SPÄTER ENTDECKE ICH DIE VORZÜGE DES BOCAGE NEU.

WAS DIE
SONNE
ANGEHT ...

... HAT DIESE DEN GANZEN TAG ÜBER NICHT MIT IHREN STRAHLEN GEGEIZT.

D 119

MONTSALVY

NUN BITTE ICH SIE ZUSÄTZLICH ZUR ENERGIE, DIE SIE MIR SCHENKT, UM EINEN RECHT TRIVIALEN GEFALLEN.

BEIM ZELTEN FÜLLT MAN SEINE ABENDE AUS, SO GUT ES GEHT.

VIELEN DANK!

JEDENFALLS HAT SIE MEINE SCHUHE GETROCKNET, BEVOR SIE AM HORIZONT VERSANK.

NACH DEM AUFWACHEN WIRD DIE MECHANIK ÜBER-PRÜFT. DIE FÜSSE JAMMERN EIN WENIG NACH DEM FEUCHTEN WETTER. UND DIE SCHLÜSSELBEINE BLEIBEN BEHARRLICH: IHRER ANSICHT NACH IST DAS GEWICHT DES RUCKSACKS SCHLICHTWEG SKANDALÖS.

WAS DEN REST ANGEHT, HAT DER KÖRPER NACH DER ERSTEN WOCHE MARSCH ENDLICH BEGRIFFEN. ER AKZEPTIERT DIE LANGEN TAGE DES LAUFENS UND TRAGENS.

17. JUNI

IM MOR-GENLICHT, NACH EINER WEGBIE-GUNG, LIE-GEN SIE DA.

DIE GIPFEL DES CANTALS.

SIE KÜNDEN VON DER NÄHE DES ZENTRAL-MASSIVS, DAS VON SÜDEN NACH NORDEN ZU DURCH-QUEREN ICH MICH FREUE.

DAS ZENTRALMASSIV, DAS IST DAS GEBIRGE OHNE ZACKEN ODER HELDENTATEN.

ES IST DAS DES UNGEZWUNGENEN MARSCHIERENS IN EINEM OFFENEN UND WINDIGEN LAND.

SEINE PFADE BEGEHE ICH SEIT DREISSIG JAHREN UND WERDE IHRER NIE ÜBERDRÜSSIG.

ES IST DAS DER ERLOSCHENEN LAVA UND DER ENDLOSEN WEIDEN.

UND ALS ICH MONATE ZUVOR DIESE REISE UND DIESES BUCH PLANTE, WAR ICH NATÜRLICH ERFREUT, ALS ICH DIE LINIE ZWISCHEN PECH MERLE UND BURE ZOG UND ES MITTEN DARAUF LAG.

ES BLIEB MIR NUR NOCH, MEINEN RUCKSACK ZU PACKEN.

MORGEN WÜRDE ICH DORT SEIN. VON MEINEM EIFER GETRAGEN, UND TROTZ DES ETWAS BETONIERTEN ETAPPENENDES, DAS MEINE FÜSSE RAUCHEN LÄSST, ZIEHE ICH AN DEM DORF VORBEI, WO ICH VORHATTE ZU ÜBERNACHTEN.

IN DER KLEINEN STADT MUR-DE-BARRES LÄSST MICH DER GEDANKE AN EIN KÜHLES BIER ENDLICH ANHALTEN.

ES IST DIE TERRASSE EINES HOTELS.

AN DIESEM ABEND BIN ICH DEM KAMPF GEGEN EINE HYPOTHETISCHE WARME DUSCHE NICHT GEWACHSEN.

18. JUNI

SKANDAL.

DER ÖRTLICHE MINI-MARKT ÖFFNET ERST UM ACHT UHR.

MAN LÄUFT NIE SO GUT WIE IN DEN ERSTEN STUNDEN DES TAGES.

ABER ICH MUSSTE MEINEN KOHLENHYDRAT- UND FETTVORRAT NEU AUFFÜLLEN.

MEIN ÄRGER IST JEDOCH SCHNELL VERRAUCHT.

MANCHMAL HÄLT DIE REISE MOMENTE DER BA-LANCE BEREIT, WO EINEM DIE MÜDIGKEIT NOCH NICHT DEN BLICK VERSCHLEIERT.

DAS GRELLE LICHT AN JENEM MORGEN FLIESST ÜBER DIE HOHEN GRÄSER, DIE LEICHTE UNRUHE VORTÄU-SCHEN. SORGFÄLTIG AUF DIE BREITEN BÖGEN DER LANDSCHAFT GELEGT SCHEINT DIESER WEG VON EINEM JAPANISCHEN KÜNSTLER GEZEICHNET WORDEN ZU SEIN.

AN DIESEM MORGEN IST DER PLANET ERDE PRACHTVOLL.

MITTAGS MACHE ICH EINE PAUSE IN PAILHEROLS, DAS IST DAS LETZTE DORF VOR DEM AUFSTIEG AUF DEN PLOMB DU CANTAL.

ICH KAUFE WASSER NACH. UND TROTZ DES SCHWER BEPACKTEN RUCKSACKS KLETTERE ICH LEICHT BESCHWINGT HINAUF ZU MEINEM NACHTLAGER.

NUN JA ... ES IST AUCH EHER EIN RUHIGER FELDWEG, DER DEN WANDERER AUF DIE HÖHEN FÜHRT.

DA WIR GERADE BESCHEIDEN SIND, MÖCHTE ICH EIN EREIGNIS DES FRÜHEN NACHMITTAGS ERWÄHNEN.

ICH WEISS, DASS TAUSENDE VON LEUTEN ES TÄGLICH UND UNBEWUSST TUN.

ICH GEBE GERN ZU, DASS EINEM SOLCHERART DETAILS HERZLICH EGAL SEIN KÖNNEN.

ABER ES IST NICHT VERBOTEN, EMPFÄNGLICH FÜR DIE DISKRETEN MARKIERUNGEN ZU SEIN, DIE UNS DIE GEOGRAFIE LIEFERT:

HIER, MEINE DAMEN UND HERREN, ÜBERSCHREITE ICH DEN FÜNFUNDVIERZIGSTEN PARALLELKREIS.

ANDERS GESAGT, ICH STEHE IM MOMENT AUF GLEICHER DISTANZ ZWISCHEN DEM ÄQUATOR UND DEM NORDPOL.

ICH FÜHLE MICH IM GLEICHGEWICHT ZWISCHEN DEM EINEN UND DEM ANDEREN, WIE ICH MICH AUF HALBEM WEGE ZWISCHEN DEM SAPIENS-ZEICHNER VON PECH MERLE UND JENEM FÜHLE, DEM VIELLEICHT DAS HÖCHST BESCHISSENE GESCHENK VON BURE ZUGEDACHT IST.

ZWISCHEN EUCH BEIDEN LAUFE ICH.

GUTEN
TAG!

TAG!

ICH BIN DREI GANZE TAGE GELAUFEN, OHNE
JEMANDEN UNTERWEGS ZU TREFFEN.

DIESE ERFAHRUNG IST
AUCH EINE ERFAHRUNG
DER EINSAMKEIT.

DENN AUCH DAS WOLLTE ICH HIER FINDEN.

TAGELANG ALLEIN DURCH REGEN, WIND UND
SONNE ZU GEHEN IST EINE AKTIVE UND
FRUCHTBARE ART, SO EINIGES ÜBER SICH
SELBST ZU ERFAHREN, ÜBER SEINE FÄHIG-
KEITEN, SEINE GRENZEN, SEINE ZWEIFEL.

UND ÜBERHAUPT, WENN
MAN BESCHLOSSEN HAT,
COMICS ZU ZEICHNEN,
KENNT MAN SICH MIT
EINSAMKEIT AUS.

DER PLAN WAR, DIE NACHT AUF DER MAKELLO- SEN BERG- WIESE ZU VER- BRINGEN, DIE DEN GIPFEL DES PUY GROS POLSTERTE.

ICH WOLLTE DEN SONNENUNTERGANG ÜBER DEN BERGKÄMMEN, DIE ICH AM NÄCHSTEN TAG ÜBERQUEREN WÜRDE, GENIESSEN. ABER BEI DIESEM WIND EIN ZELT AUFZUSTELLEN WÄRE EINEM DRACHENFLUGSTART GLEICHGEKOMMEN.

BEVOR ICH WEITERGEHE, LASSE ICH DEN WIND MEINEN SCHWEISS TROCKNEN.

DIE DUSCHE IM WIND IST DIE WÄSCHE DES WANDERERS.

DER PLOMB DU CANTAL IST NUR EIN KLEINER, VERIRRTER WULST AUF DEM BERGKAMM, DER DEN RUHMREICHEN NAMEN DES GIPFELS NICHT VERDIENT.

VON DEN FÜSSEN SEINER BESUCHER BEARBEITET, IST ER AUCH NICHT GERADE EINLADEND FÜR JENEN WANDERER, DER EINEN ORT ZUM SCHLAFEN SUCHT.

UNTER SEINER OSTFLANKE IRRE ICH ÜBER DAS VON SKIPISTEN MALTRÄTIERTE GELÄNDE, DESSEN VERWÜSTUNG OFFENBAR WIRD, WENN KEIN SCHNEE ES MEHR KASCHIERT.

HEUTE ABEND VERSUCHE AUCH ICH DAS SCHLICHTE UND ETWAS HEUCHLERISCHE PRINZIP ANZUWENDEN:

WAS MAN NICHT SIEHT, EXISTIERT NICHT.

WENN MAN NICHT ZU SEHR SUCHT, SIEHT MAN VON HIER AUS WEDER SKILIFT NOCH SESSELLIFT.

VON DAHER IST DAS LAGER SEHR ANNEHMBAR.

ZU DIESER STUNDE IST DER PARAT-DE-BOUC-PASS, AUF DEN ICH BLICKE, VERLASSEN. DER ABENDLICHE SCHATTEN LEGT SICH ÜBER IHN.

NACH EINIGEN MOMENTEN DES ZÖGERNS GEHT ER IN EINEM LAUEN HAUCH AUF DIE EBENE NIEDER.

NACH DIESER NACHT UNTER FREIEM HIMMEL GEHE ICH UNTER DEN KABELN DES SESSELLIFTS, DER ZU DIESER FRÜHEN STUNDE UNBESETZT FÄHRT, RUNTER NACH SUPER LIORAN.

»SUPER« LIORAN ...

DAS IST SEHR ÜBER-TRIEBEN.

19. JUNI

NA LOS.

VON JETZT AN LAUFE ICH AUF DEM G.R. 4.

ER IST ES, DER DAS ZEN-TRALMASSIV DURCHZIEHT.

LASS DICH TRAGEN, MANN.

AUF DEM COL DE ROMBIÈRE FÜHLT ES SICH WIE HEIMKOMMEN AN.

DORT HINTEN AUF DEM KAMM THRONEND,
MIT SEINEM DREIECKIGEN GIPFEL, ÄHNELT DER
PUY GRIOU EINEM IDEALEN BERG, SO WIE IHN
KINDER ZEICHNEN.

ICH ÜBERLEGE EINEN MOMENT, OB ICH IHN NOCH
MAL BESTEIGEN SOLL.

NEIN, DIESMAL NICHT. DU LIEGST
NICHT AUF MEINER STRECKE.

GUTEN TAG!

TAG ...

TAG ...

SETZ DEI-
NEN FUSS
DORTHIN
...

ES
RUUUTSCHT
!

ACH
WAS.

DOO-
OOCH ...

MEINE WANDERUNG GEHT ÜBER ETWAS MEHR ALS ACHTHUNDERT KILOMETER.

JETZT BERGAUF!

AUWEI ...

DIES IST DIE EINZIGE ETAPPE, WO MAN SICH EIN WENIG ANSTRENGEN MUSS.

DER REST IST REINES MARSCHIEREN.

DAS HEIMISCHSEIN HAT HIER NICHTS MIT IRGENDEINEM BESITZERINSTINKT ZU TUN. ES IST SOGAR DAS GENAUE GEGENTEIL. EIN GEFÜHL DER ZUGEHÖRIGKEIT. DAS GEFÜHL, AM RICHTIGEN ORT ZU SEIN UND VONEINANDER ABZUHÄNGEN. ES GEHT NICHT NUR UM EINEN PLATZ, WO MAN SICH WOHLFÜHLT. ES IST MEHR ALS DAS. ORTE DER VERTRAUTHEIT.

EINIGE MEINER ORTE LIEGEN AUF DIESEN VULKANEN, ANDERE IN DEN SÜDLICHEN ALPEN. BESCHEIDENE BERGKÄMME. RUHIGE PÄSSE. NATÜRLICH AUCH SEEN. EIN ELEGANTES KLEINES PLATEAU VOLLER STEINE MITTEN IM OISANS. ABER AUCH EINIGE MORGEN WEINBERGE.

ICH VERMUTE, DASS WIR MITUNTER, OHNE ES ZU WISSEN, ALL DIESE ORTE IN UNS TRAGEN.

DAS DROHENDE UNWETTER LÄSST MICH DIE-
SEN ABEND DEM PUY DE NIERMONT ENTSAGEN,
WO ICH VORHATTE ZU LAGERN.

DIESER KLEINE GIPFEL ERÖFFNET DAS
WEITE PLATEAU DES LIMON, DESSEN GESAMTE
ÜBERQUERUNG ICH UNTER BESTEN BEDIN-
GUNGEN GENIESSEN WILL. AUF DEM SERRE-
PASS LÄDT MICH DAS NEUE »HAUS DER AKTI-
VITÄTEN IN FREIER NATUR« AUF SEINE
TERRASSE EIN.

GUTEN
TAG.

HM?

GUTEN TAG ... VER-
DAMMT, BIN ICH ALLE.

ICH HAB MICH
GUT VERIRRT AUF
DEM PLATEAU DA
OBEN! ES IST
SCHLECHT
AUSGEZEICH-
NET!

HM?

ICH GEH MOR-
GEN HOCH ...

ICH BIN
EWIG IM KREIS
GELAUFEN!

ES
IST
GROSS,
JA?

EBEN DRUM!
SIE MÜSSTEN
ES BESSER
AUSZEICH-
NEN!

TJA ...

ZUM GLÜCK IST
GUTES WETTER ...
BEI NEBEL, NA
GUTE NACHT ...

DA MUSS
WIRKLICH
WAS UNTER-
NOMMEN
WERDEN!

KANN SEIN, JA ...

MOMENTAN SIND NOCH NICHT VIELE LEUTE DA. ABER BALD, IM JULI ...

ACH JA.

MMH...

NA DANN, SCHÖNEN TAG NOCH.

EINEN SCHÖNEN TAG NOCH, JA ...

EIN LAGER, DAS MAN GERN VERGISST.

ALS ICH MICH AUSZIEHE, KOMMT MIR EINE ER-KLÄRUNG FÜR DIESE SELTSAME UNTERHALTUNG.

AUF EINEM ÄRMEL MEINES HEMDS PRANGT EIN KLEI-NES LOGO MIT EINDEUTIGER TRIKOLORE, DAS VAGE OFFIZIELL WIRKT. DER ERSCHÖPFTE TYP MUSS MICH FÜR EINEN PARKBEAMTEN GEHALTEN HABEN, BEI DEM ER SEINE BESCHWERDEN LOSWERDEN KONNTE.

FALLS ES SO IST, BITTE ICH EUCH, O WAHRE BEAMTE, MICH ZU ENTSCHULDIGEN.

ICH HABE KEIN RUHM-REICHES BILD EURER ZUNFT ABGEGEBEN, WIE ICH MICH VER-DRECKT IN DER SONNE RÄKELTE, MIT MEINEM KÜHLEN BIER UND MEINEN LAHMEN ANT-WORTEN.

AM ENDE GIBT ES KEIN UNWETTER.

NUR WOLKENDECKEN ZOGEN AUF, DIE ÜBERALL WABERN UND DIE DER MORGEN AUFZULÖSEN BEMÜHT IST.

MEIN KURZER AUFSTIEG GEWINNT AM MYSTE-RIÖSEN, WAS ER AN SICHTBARKEIT VERLIERT.

DOCH DER PUY DE NIERMONT IST SO HÖFLICH SICH ZU ENTBLÖSSEN, ALS ICH AUF DEM PLATEAU ERSCHEINE.

DAS GLEIS-SENDE UND HORIZONTALE LICHT DURCH-STÖSST DIE NEBELSCHLEIER, DIE KAMPFLOS AUFGEBEN.

MEINE DAMEN ...

ES IST NOCH NICHT SIEBEN. ICH STARTE IN EINE KALTE, MIT SAUERSTOFF ÜBERSÄTTIGTE LUFT.

UND WIE ERWARTET VERLIERE ICH SCHNELL DIE WEG-MARKIERUNGEN.

EGAL. ICH MARSCHIERE GERADEWEGS NACH NORDEN.

DAS GRAS IST NASS.

EGAL.

NUR DER STACHELDRAHT BEHINDERT MITUNTER MEINEN LAUFFLUSS.

WIE DAS AUBRAC, DER CÉZALLIER, WIE EINIGE KALKPLATEAUS WURDE AUCH DIESES VON ARCHAISCHEN KRÄFTEN ÜBER DIE WELT GEHIEVT UND SETZT IN MIR VERBORGENE ENERGIEN FREI, DIE MEINE LUNGEN WEITEN.

UND MIR KOMMT DER GEDANKE, DASS IN EBENDIESEM MOMENT NUR WENIGE SAPIENS SO FREI SIND WIE ICH.

ES IST EIN GEFÜHL, DAS MAN AUSKOSTEN SOLLTE.

ICH WÜR-
DE GERN
WENIGER
SCHNELL
LAUFEN.

VOR ETWA EINEM DUTZEND JAHREN HATTE
ICH DIESE HOCHEBENE ZUSAMMEN MIT MEINEM
WINZERFREUND RICHARD LEROY ÜBERQUERT.
ES WAR GEGEN ENDE DES WINTERS. DER
SCHNEE UND DAS EIS GABEN RIESIGE FLECKEN
GELBEN, VOM EIS VERBRANNTEN GRASES FREI.

WIR HATTEN SIE ZÜGIG ÜBERQUERT UND DABEI
ÜBER EINS MEINER ANDEREN WERKE GEREDET.

»DIE IGNORANTEN« WÄRE EIN PASSENDER
TITEL, SCHLUG ICH VOR. DAS FAND ER AUCH.

ES SCHEINT
GANZ SO, ALS
SEI DIESE GE
GEND MEINEN
BÜCHERN ZU-
TRÄGLICH.

DIE DURCHQUERUNG DER NACHFOLGENDEN DÖRFER MINDERT NICHT MEIN GEFÜHL DER EINSAMKEIT, DAS ICH AUF DEM PLATEAU VERSPÜRTE. ALLERDINGS IST ES HIER WENIGER ANREGEND.

ZWEI LÄRMENDE VERTEIDIGER DES PRIVATEIGENTUMS VERBIETEN MIR DEN ZUGANG ZUM BAUERNHOF, DEN SIE BEWACHEN.

IHR EIFER BEWIRKT EINEN UMWEG VON MEHREREN KILOMETERN UND EINEN BLAUEN FLECK AN DER RECHTEN WADE.

DES ASPHALTS ÜBERDRÜSSIG SEHE ICH AUF MEINER KARTE EINE ALTE BAHNSTRECKE FÜR SCHIENENFAHRRÄDER. MICH PACKT DIE NEUGIER.

NEIN, KEINE GEFAHR, MAN HÖRT SIE VON WEITEM UND SIE KOMMEN SELTEN!

DANKE FÜR DAS WASSER!

AUGENBLICKLICH STOSSE ICH AUF EINE GRUNDSÄTZLICHE FRAGE:

AUF DEN SCHWELLEN LAUFEN?

ICH IDIOT!

ODER DAZWISCHEN?

(AUF DEN SCHIENEN? NEIN.)

ICH BLÖDER IDIOT!

ICH HABE ALSO DIE WAHL ZWISCHEN EINEM STELZENLÄUFERSCHRITT UND ZWEI KURZEN TRIPPELSCHRITTEN.

BEIDE SIND EBENSO LÄCHERLICH WIE ERMÜDEND.

BEI DER ERSTEN GELEGENHEIT KEHRE ICH AUF DEN ASPHALT ZURÜCK.

DER LETZTE ABSTIEG NACH CONDAT FÜHRT
DURCH EINEN KARGEN WALD MIT TOTEN BÄUMEN.
AUF DEN SCHLAMMPFÜTZEN SCHILLERT DIESEL.

UND GENAU WIE DIE HOFHUNDE SCHEINT AUCH
DIE DORT WIMMELNDEN MÜCKEN MEIN GERUCH
NICHT ABZUSCHRECKEN.

IST ES DIE MÜDIGKEIT, DIE MEINE ABNEIGUNG
VOR DIESEM VON TRAKTOREN ZERFAHRENEN
WEG VERSTÄRKT?

JEDENFALLS HAT MIR DER 20. JUNI DA OBEN
WIE HIER UNTEN DAS BESTE UND SCHLIMMSTE
DIESES MARSCHS GEBOTEN.

O ERQUICKENDE
VIELFALT DER
WEGE.

»JA, ES IST SCHÖN HIER, ABER WIR HABEN NICHTS«, ANTWORTET MIR DIE HOTELCHEFIN, ALS SIE MIR DAS FRÜHSTÜCK SERVIERT UND ICH SIE AUF DIE SCHÖNHEIT DES NEBELS ÜBER DEM KLEINEN SEE NEBEN IHREM ANWESEN HINWEISE.

IN DER TAT VERLÄUFT MEINE KOMPLETTE STRECKE AUF DIESEM ABSCHNITT DES FRANZÖSISCHEN GEBIETS, DAS SEHR DÜNN BESIEDELT SOWIE UNTERVERSORGT IST UND DAS MANCHE GEOGRAFEN ABFÄLLIG »DIE DIAGONALE DER LEERE« NENNEN. WIR WERDEN SPÄTER NOCH SEHEN, DASS BURE EBEN WEGEN SEINER DÜNNEN BESIEDELUNG VON DEN STRATEGEN AUSGEWÄHLT WURDE, DIE NACH EINEM DISKRETEN ORT SUCHTEN, UM IHREN MIST ZU VERGRABEN. (FEHLANZEIGE, LEUTE.)

ABER DER KÜNSTLER IN PECH MERLE AM ANDEREN ENDE MEINER LINIE IST NUR DA, WEIL ER EBEN DA IST.

STÖREN WIR IHN NICHT ZU SEHR MIT KARTOGRAFISCHEN BETRACHTUNGEN.

21. JUNI, ES IST SOMMER.

JEMAND HAT DEN G.R. 4 VERSPERRT, SO WAS.

FUSIONSSEQUENZ MIT DEM BODEN DES PLANETEN ERDE.

NACHDEM ICH EINIGE ZÄUNE ÜBERWUNDEN, EIN ODER ZWEI MATSCHIGE SÜMPFE UND REICHLICH DORNENGEBÜSCH DURCHQUERT HABE, SETZE ICH MEINEN FUSS DANK EINES MITFÜHLENDEN BAUERN WIEDER AUF DEN G.R.

TAG!

TAG!

DIE WAHRSCHEINLICHKEIT, HIER EINEN MENSCHEN ZU TREFFEN, IST GERING. NOCH GERINGER IST SIE, JEMANDEN MIT EINEM GEMEINSAMEN BE-KANNTEN ZU TREFFEN.

NEIN?! DU KENNST FRANÇOIS?!

HA-HA! JA!

HAHA-HA!

WIR PLAUDERN.

MICHEL IST BELGIER. JEDEN SOMMER BEGEHT ER EINEN ABSCHNITT DES WEGS, DER IHN NACH SPANIEN FÜHRT.

ICH WEISE IHN AUF DAS BLÖDE GITTER HIN, DAS DEN WEG VERSPERRT, UND RATE IHM, EINEN UMWEG ZU NEHMEN.

EINE STUNDE SPÄTER, ALS ICH IM NÄCHSTEN DORF EINKAUFE MACHE, ERHALTE ICH EINE NACHRICHT.

VON IHM.

MIT MÖGLICHST WENIG IRONIE WEIST ER MICH
DARAUF HIN, DASS ICH HÄTTE VERSUCHEN SOL-
LEN DAS SCHLOSS DES GITTERS ZU ÖFFNEN.

MITTAGSPAUSE AM RANDE
EINES STILLEN WEILERS.

DAS SCHAUSPIEL DIESER MITTEN IM SPIEL ZURÜCKGELASSENEN
BOULEKUGELN IRRITIERT MICH.

EIN NOTFALL?

EIN STREIT MIT EINEM SCHLECHTEN VERLIERER?

EINE ENTFÜHRUNG?

MEIN SZENARISTENHIRN AMÜSIERT SICH MIT
DIESEN HYPOTHESEN, WÄHREND MEIN WANDE-
RERMAGEN NEUE ENERGIE TANKT.

MIT SEINEN 1.885 ME-
TERN IST DER PUY DE
SANCY DER HÖCHSTE
PUNKT DES ZENTRAL-
MASSIVS UND MEINER
WANDERUNG.

22. JUNI

HEY!

WAS?

LANGSAM!

ICH BIN NOCH
NICHT WARMGE-
LAUFEN!

JA,
PARDON.

ICH LAUFE
NOCH NICHT
SEIT ZEHN
TAGEN!

STIMMT, DIE ERS-
TEN DREI TAGE WAREN
DIE HÄRTESTEN ...

DAS TRIFFT
SICH GUT, ICH
BLEIBE DREI
TAGE.

HA-
HAHA!

DAS WIRD
DEINEM KLEI-
NEN HERZEN
GUTTUN!

DU WIRST
SEHEN, DER
AUSBLICK VON
DA OBEN IST
TOLL.

ALLERDINGS.

DAS LETZTE MAL HATTE ICH DIESE BERGKÄMME BEI HEFTIGEM STURM UND REGEN ÜBER- QUERT.

DANN GAB ES DORT WIEDER MOMENTE MIT SCHNEE UND NEBEL.

ICH GLAUBE SOGAR, DASS ICH AN EINEM TAG UNTER RICHTI- GER SONNE MAR- SCHIERTE.

UND HEUTE STELLE ICH FEST:

DAS SCHLECHTE WETTER STEHT DEM ZENTRAL- MASSIV BESSER ALS ANDEREN GEBIRGEN.

BRASSENS HAT IMMER RECHT, PECH FÜR DIE »DUMMEN LÄNDER, IN DENEN ES NIE REGNET«.

NACH EINEM KLEINEN IMBISS AUF DEM COL DE LA CROIX-MORAND BEGINNEN WIR MIT DEM ABSTIEG INS DORF PESSADE, WO WIR DIE NACHT VERBRINGEN WERDEN.

UND DANN, WO DER TAG FAST UM ZU SEIN SCHEINT, ERÖFFNET SICH GENAU AUF DER ACHSE UNSERES WEGS DER WEITE, VOM SCHRÄGEN SONNENLICHT BESCHIENENE AUSBLICK AUF UNSERE MORGIGE ETAPPE.

DER LERCHE
ZUHÖREN.

DER BESCHEIDENE VOGEL ZEIGT SICH SELTEN,
DOCH SEIN SCHRILLER, FRÖHLICHER GESANG
ERFÜLLT DEN HIMMEL MÜHELOS.

ER PRALLT
NIRGENDWO
AB UND
SCHEINT
DEM ZENIT
ZU ENT-
SPRINGEN.

NUR WENIGE MOMENTE AUF DIESER WANDERUNG
HABEN MIR DIESES EUPHORISCHE GEFÜHL DES
HORIZONTALEN SCHWINDELS VERMITTELT.

ES SCHÜRT DEN BLICK UND SCHAFFT EINE
NEUE ENERGIE, DIE DIE BEINE IN STÄNDIGER
BEWEGUNG HÄLT.

RICHTET SICH DIESES AUFGEBOT AN GRAS UND
WIND ZUALLERERST ANS AUGE, SOLLTE MAN
EBENFALLS DIE OHREN SPITZEN.

MEINE GROSSMUTTER VÄTERLICHERSEITS, MIT DER ICH DER FAMILIENCHRONIK NACH MEINE ERSTEN LEBENSJAHRE DRAUSSEN UND SELBST BEI KÄLTE NICHT GERADE WARM EINGEPACKT VERBRACHTE, HATTE EINEN AUSDRUCK FÜR SOLCHE ORTE:

»ZUMINDEST VERMODERT MAN HIER NICHT!«

BESSER KÖNNTE ICH'S NICHT SAGEN, LIEBE OMA.

DER GESANG DER LERCHE IST OHNE ZWEIFEL DER KLANG DIESER ENDLOSEN GRASLANDSCHAFTEN.

DER KLANG DER HORIZONTE, WO MAN NICHT VERMODERT.

DIE VULKAN-GRUPPE DORT, DA WERDEN WIR MORGEN ÜBER-NACHTEN.

MOMENTAN INTERESSIERT MICH VOR ALLEM DAS SCHLA-FEN HEUTE NACHT!

DIE ABENDLICHEN GESPRÄCHE WAREN IN DER TAT RECHT LAKONISCH.

MORGENS IST MEIN GEFÄHRTE TROTZ DER BLASEN AN DEN FÜSSEN TAPFER. PLAUDERND LAUFEN WIR STRAMM LOS.

PLAUDERN, ABLENKUNG.

FALSCHER WEG.

DAS WIRD DER EINZIGE ORIENTIERUNGSFEHLER MEINER WANDERUNG SEIN. ZWEI STUNDEN DES LAUFENS UMSONST.

PAH ...

DAFÜR SIND WIR DA.

AUF DIESEM WEG IST VIEL LOS.

SEHR VIEL.

WOHIN LAUFEN SIE DENN?

DAS IST EIN TRAIL ZWISCHEN SANCY UND DEM PUY DE DÔME. HUNDERTDREIUNDZWANZIG KILOMETER HIN UND ZURÜCK.

WAS? WANN SIND SIE AUFGEBROCHEN?

GESTERN ABEND UM NEUNZEHN UHR.

DIESE LEUTE SIND VERRÜCKT.

ES IST EIN SCHÖNER SONNTAG IM SOMMER. DIE HEUTIGEN SAPIENS HABEN NICHT VIEL ZEIT, DER FREIEN NATUR ZU BEGEGNEN.

WIR UMGEHEN DEN GIPFEL DES PUY DE DÔME, DER SEHR GEFRAGT IST. LANGE SCHON HABE ICH NICHT MEHR SO VIELE MENSCHEN GESEHEN.

FÜNFHUNDERTZWÖLF!

BITTE?

FÜNFHUNDERTZWÖLF STUFEN BIS AUF DIESEN VULKAN!

DAS BESTE, WAS MAN MANCHMAL TUN KANN, IST SICH INS GRAS ZU SETZEN UND ZU BEOBACHTEN, WIE SICH DER ABEND ÜBER DIE WELT IM ALLGEMEINEN UND IM BESONDEREN ÜBER CLERMONT-FERRAND LEGT.

BLOSS NICHT AN DIE PARISER VORSTADT DENKEN, DIE MICH MORGEN ABEND ERWARTET.

GUTEN TAG ...

TAG ...

ÄHM... VERBRINGEN SIE DIE NACHT HIER?

OH JA. WARUM?

WIR HABEN DAS NOCH NIE GEMACHT, ABER WIR HABEN LUST, ES AUF DEM VULKAN NEBENAN ZU VERSUCHEN. ABER, ÄH... WIR WOLLTEN NUR ETWAS WISSEN ...

GIBT ES HIER GEFÄHRLICHE TIERE?

ER ERZÄHLT UNS, DASS MAN IN ÄTHIOPIEN, WO ER HERKOMMT, RISKIERT, VON HYÄNEN ANGEGRIFFEN ZU WERDEN. ICH ERKLÄRE IHM, DASS DIE LÄSTIGSTEN TIERE HIER HUNDE UND MÜCKEN SIND. WIR PLAUDERN EINE GANZE WEILE IN EINEM ORANGEFARBENEN LICHT.

WIE DIE WANDERIN, DIE ICH MIT CLAUDE VOR FIGEAC GETROFFEN HABE, SIND SIE FREUDIG ERREGT BEI DEM VERSUCH, IHR KLEINES ABENTEUER ZU WAGEN.

EINE STUNDE SPÄTER SEHEN WIR, WIE SIE IHR ZELT AUF DEM PUY DES GOULES AUFSTELLEN.

AH, MIST, EINE HERDE SCHAFE KOMMT AUF SIE ZU ...

DIE BERÜCHTIGTEN FLEISCHFRESSENDEN SCHAFE DER AUVERGNE. DIE SEHEN WIR NIE WIEDER.

BIS MORGEN, SCHWESTER SONNE.

23. JUNI

HOHO, GUCK MAL! EINE BLASE IN EINER BLASE ...

HAHA-HA!

SICH AUF DEM GRAS IN DEN TIEFEN DER PERFEKTEN KUHLE AUSSTRECKEN, DIE DER PUY PARIOU FORMT.

AUF DEM RÜCKEN LIEGEND DIE WÖLBUNG DES STERNENHIMMELS BETRACHTEN, WÄHREND MAN AN DEN GRENZEN SEINES GESICHTSFELDS DEN GESAMTEN UMRISS DES KRATERS ERKENNT.

FERNAB VOM TUMULT SEIN UND SICH GLEICHZEITIG DER UNERMESSLICHKEIT STELLEN.

AUF DEM BODEN, IM BODEN, AUF DER ERDE.

UND GUT SCHLAFEN.

AM NÄCHSTEN TAG LAUFEN WIR GEMÜTLICH ÜBER EINEN WALDWEG, DER UNS BIS ZUM FUSSE DES ZENTRALMASSIVS RICHTUNG VOLVIC FÜHRT.

DENNOCH SOLLTEN WIR TROTZ DER STEIGENDEN HITZE NICHT ZU SPÄT ANKOMMEN, DAMIT CHRISTOPHE NOCH NACH RIOM FAHREN KANN, VON WO IHN EIN ZUG NACH PARIS BRINGT.

ES GESCHIEHT OFT, DASS SICH UNTERWEGS DER DURST EINSTELLT.

MANCHMAL LEIDET MAN AUCH WIRKLICH.

DANN DRÄNGT SICH UNSEREN SCHRITTEN DER UNAUSWEICHLICHE GEDANKE VON WASSER AUF. HIER WIRD KLAR, DER WANDERER IST NICHT NUR SAPIENS, SONDERN ...

... AUCH SÄUGETIER.

DANKE, DASS DU DA WARST, ES WAR TOLL! KOMM GUT NACH HAUSE UND ZIEH BLOSS NICHT DEINE SCHUHE IM ZUG AUS!

DAS MACHE ICH NUR, WENN ICH NERVIGE SITZNACHBARN HABE!

IN EINEM JENER AUSTAUSCHBAREN GEWERBEGEBIETE, WIE SIE ALL UNSERE STÄDTE HERVORBRINGEN, FINDE ICH EIN HOTEL. DORT ENTDECKE ICH MEHRERE NACHRICHTEN MEINER FAMILIE.

ES GIBT EINE AKTUELLE HITZEWARNUNG. AUF MEINER STRECKE SIND REKORDTEMPERATUREN VORHERGESAGT, DIE SOGAR DIE VIERZIG GRAD ÜBERSTEIGEN KÖNNEN.

IST ES KLUG, SO FRAGT MAN MICH, MEHRERE WANDERTAGE ALLEIN DURCH DIE WENIG BESCHATTETEN GETREIDEEBENEN VON ZENTRALFRANKREICH MIT EINEM ZWANZIG KILO SCHWEREN RUCKSACK ANZUTRETEN?

ICH FINDE NUR EINE ANTWORT.

VOR SONNENAUFGANG LOSZIEHEN.

ICH VERLIERE MICH ETWAS ZWISCHEN AUTO-HÄNDLERN UND KÜCHENAUSSTATTERN UND AHNE AM ABBREMSEN DER WENIGEN AUTOS, DIE ICH TREFFE, DASS MAN SICH FRAGT, WAS EIN TYP IM WANDERAUFZUG UM VIER UHR MORGENS HIER SUCHT.

DIESE FRAGE STELLE ICH MIR AUCH.

ICH VERLASSE DIESEN STADTRANDSUMPF, BEVOR DIE SONNEN-SCHEIBE ZU MEINER RECHTEN DEN HORIZONT VERSCHLINGT.

DIE LUFT IST WEISS, LAU UND SCHWER.

ICH BE-TRETE JETZT DEN G.R. 300.

IMMER RICH-TUNG NOR-DEN.

DIE KARTEN HABEN MIR VON DIE-SER MIR UNBEKANNTEN REISE-STRECKE EIN KARGES UND TROSTLOSES BILD VERMITTELT.

EINE ÖDE UND FLACHE AGRARLAND-SCHAFT.

ZU GUT BEFAHRBARE WEGE.

ABER WAS SOLL'S? DAS IST MEIN WEG NACH BURE.

FÜR EINIGE TAGE STEHT EIN ERMÜDENDER MARSCH ÜBERS FLACHLAND AN, ETWAS, DAS ICH NUR SELTEN TUE.

HINTER MIR VERSCHWIN-DEN GEFÜGIG DIE VON DER RUNDHEIT DES PLANETEN BEZWUNGENEN VULKANE.

YSSAC-LA-
TOURETTE

GIMEAUX ...

IN DER ERWACHENDEN PAMPA ZIE-
HEN TUMBE DÖRFER VORÜBER,
WO SICH MEINE MITMENSCHEN RÄ-
KELN UND ZUR ARBEIT FAHREN.

HEUTE HABEN WIR ALLE GRÜNDE, ZU SCHWIT-
ZEN. ES WÄRE UNPASSEND, SICH ÜBER MEINE
ZU BESCHWEREN.

UND DANN,
SO LÄPPISCH
ES AUCH IST,
PASSIERT
DIES HIER.

VERDAMMT, APRIKOSEN!

NACH ALL DEN TAGEN MIT VERPACKTER NAHRUNG FÜHLE ICH MICH WIE EIN JUNKIE VOR EINER UNVERHOFFTEN DOSIS.

MIT DER ACHTUNG, DIE MAN GEWÖHNLICH WERTGEGENSTÄNDEN ENTGEGENBRINGT, PACKE ICH EIN DUTZEND FRÜCHTE OBEN AUF MEINEN RUCKSACK.

UND ICH BESCHLIESSE, DASS IHR GENUSS BESSERES VERDIENT ALS DIESEN ZU BELEBTEN GEHWEG.

ALSO MACHE ICH MICH AUF DIE SUCHE NACH EINEM ORT, DER DIESES FEST- SCHMAUSES WÜRDIG IST.

WIRD MEINE GEDULD AUF DIE PROBE GESTELLT? DIE MARKIERUNGEN DES G.R. VOR ORT UND IHR VERLAUF AUF DER KARTE WÄHLEN DIESEN MOMENT, UM IHRE UNEINIGKEIT KUNDZUTUN. »GERADEAUS«, BEHAUPTEN ERSTERE. »NACH LINKS«, SAGT LETZTERER.

ICH ENTSCHEIDE MICH FÜR DAS OFFIZIELLE WORT DER KARTE.

DAS GEOGRAFI- SCHE INSTITUT UN- SERES SCHÖNEN LANDES WÜRDE DOCH NICHT RISKIE- REN, SEINE BÜR- GER IN DIE IRRE ZU FÜHREN!

OKAY ...

EINE GELEGENHEIT FÜR MICH, DEN FREIWILLIGEN ZU DANKEN, DIE DAS GANZE JAHR HINDURCH DIE WANDERWEGE BESAGTEN LANDES PFLEGEN UND MARKIEREN.

AUF DEN GERADEN WEGSTRE- CKEN LERNEN UNSERE AUGEN SCHNELL, DIE WEISS-ROTEN MARKIERUNGEN ZU ERKENNEN.

»FOLGE UNS«, SCHEINEN DIE LEUTE DER GEGEND ZU SAGEN, »WIR FÜHREN DICH DURCH GANZ HÜBSCHE ECKEN.«

ODER, WENN ES GE- RADE MAL NÖTIG IST:

»HIER WIRD GERADE GEBAUT, DUMMKOPF, GEH NICHT HIER LANG.«

ICH WEISS
NICHT, WAS SIE
AM 25. JUNI 2019
AM VORMITTAG
TATEN.

ICH HABE APRIKOSEN
STEHEND IN EINEM
FLUSS GEGESSEN.

NUR EINE PAUSE IN DER
SCHWELENDEN HITZE.

EIN KLEINER, LAUSIGER MO-
MENT OHNE BEDEUTUNG.

ABER SEINEN GESCHMACK WERDE ICH NOCH LANGE BEWAHREN.

UND ICH BEHAUPTE HIER,
DASS, WENN DER PLANET
ERDE UNS BEREITWILLIG
APRIKOSEN UND FLÜSSE
GIBT, WIR IHM IM GEGEN-
ZUG BESSER WENIGER
OBSZÖNE GESCHENKE
MACHEN SOLLTEN ALS
DAS, WAS MAN IN BURE
BEABSICHTIGT.

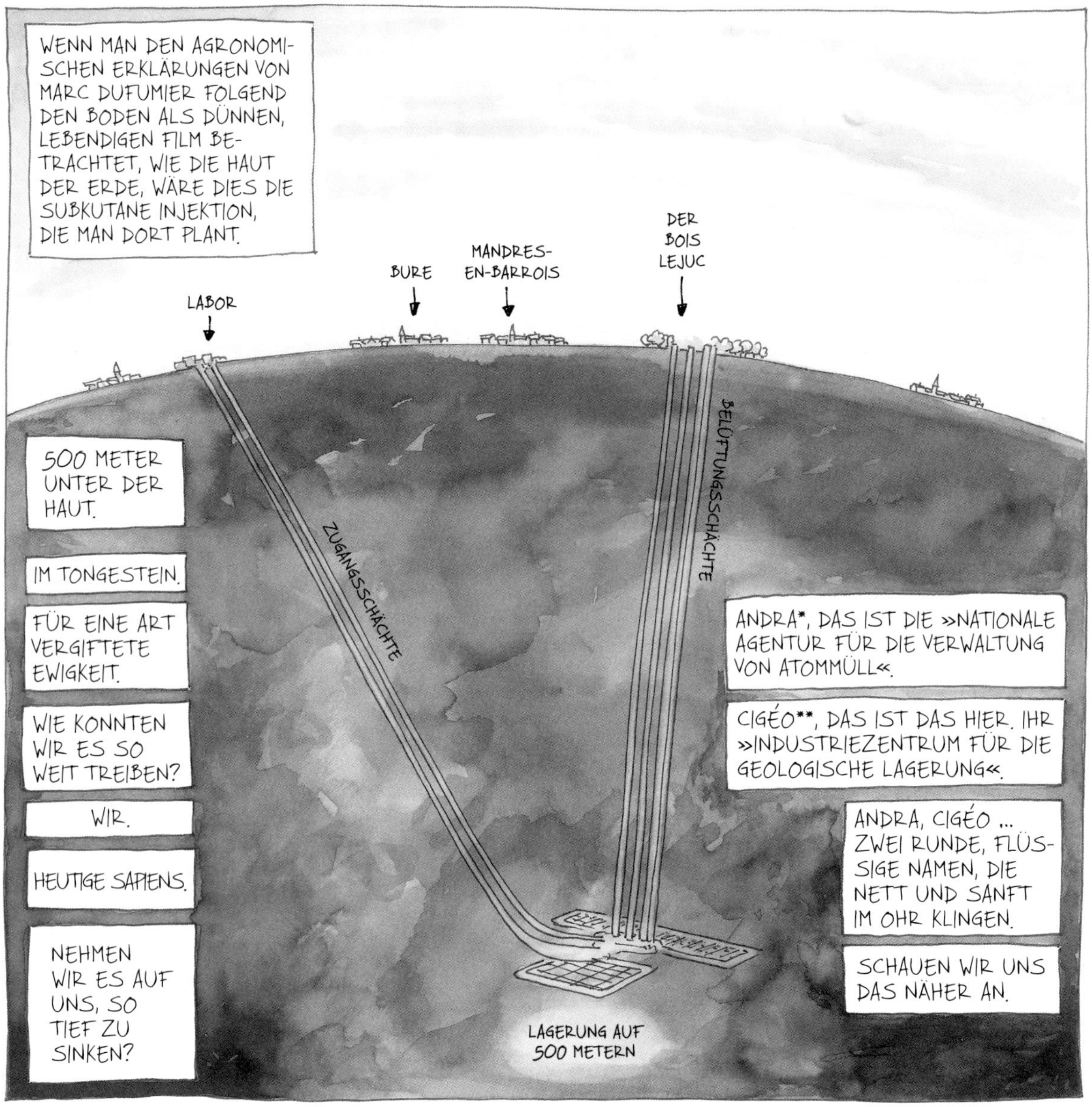

WENN MAN DEN AGRONOMI-
SCHEN ERKLÄRUNGEN VON
MARC DUFUMIER FOLGEND
DEN BODEN ALS DÜNNEN,
LEBENDIGEN FILM BE-
TRACHTET, WIE DIE HAUT
DER ERDE, WÄRE DIES DIE
SUBKUTANE INJEKTION,
DIE MAN DORT PLANT.

LABOR

BURE

MANDRES-
EN-BARROIS

DER
BOIS
LEJUC

ZUGANGSSCHÄCHTE

BELÜFTUNGSSCHÄCHTE

500 METER
UNTER DER
HAUT.

IM TONGESTEIN.

FÜR EINE ART
VERGIFTETE
EWIGKEIT.

WIE KONNTEN
WIR ES SO
WEIT TREIBEN?

WIR.

HEUTIGE SAPIENS.

NEHMEN
WIR ES AUF
UNS, SO
TIEF ZU
SINKEN?

ANDRA*, DAS IST DIE »NATIONALE
AGENTUR FÜR DIE VERWALTUNG
VON ATOMMÜLL«.

CIGÉO**, DAS IST DAS HIER. IHR
»INDUSTRIEZENTRUM FÜR DIE
GEOLOGISCHE LAGERUNG«.

ANDRA, CIGÉO ...
ZWEI RUNDE, FLÜS-
SIGE NAMEN, DIE
NETT UND SANFT
IM OHR KLINGEN.

SCHAUEN WIR UNS
DAS NÄHER AN.

LAGERUNG AUF
500 METERN

DIE LAUFBAHN VON BERNARD LAPONCHE IST EINZIGARTIG.

ER WAR IN DEN JAHREN VON 1960-1970 ALS INGENIEUR
IN DER ATOMENERGIEBEHÖRDE AN DER ENTWICKLUNG
DER ERSTEN FRANZÖSISCHEN KERNKRAFTWERKE
BETEILIGT. EINIGE JAHRZEHNTE SPÄTER IST ER EINER
DER ENTSCHLOSSENSTEN KERNKRAFTGEGNER. SEINE
ERFAHRUNG LÄSST VERMUTEN, DASS ER WEISS,
WOVON ER SPRICHT.

DER AKTIVE UND HELLWACHE ACHTZIGJÄHRIGE,
DOKTOR DER WISSENSCHAFTEN (PHYSIK DER NU-
KLEARREAKTOREN) UND DOKTOR DER ENERGIE-
WIRTSCHAFT HAT DAS FRANZÖSISCHE NUKLEAR-
ABENTEUER IN SEINER GANZEN BREITE ERLEBT.

EINE WERTVOLLE MEINUNG.

ER EMPFÄNGT MICH IN SEINER PARISER
WOHNUNG, IN DEREN VOLLEN BÜCHERREGALEN
UNTER ANDEREM VIELE COMICS STEHEN.

* AGENCE NATIONALE POUR LA GESTION DES DÉCHETS RADIOACTIFS
** CENTRE INDUSTRIEL DE STOCKAGE GÉOLOGIQUE

KÖNNEN SIE IHRE BERUF- LICHE KARRIERE ZUSAMMEN- FASSEN?

NACH DER TECHNISCHEN HOCHSCHULE GING ICH ENDE 1961 ZUR ATOMENERGIEBEHÖRDE, DER C.E.A.* IN SACLAY, UM AN DER PHYSIK VON NUKLEARREAKTOREN ZU ARBEITEN. DAS WAREN DIE JAHRE, IN DENEN DIE ERSTEN KERN- KRAFTREAKTOREN DER GRAFIT- GAS-NATURURAN-FILIALE VON E.D.F.** GEBAUT WURDEN.

DAMALS SPRACHEN WIR WEDER ÜBER DIE UNFALLRISIKEN NOCH ÜBER DEN ATOMMÜLL. AM ENDE DER 60ER-JAHRE LEHRTE ICH ÜBER DIESE THEMEN UND HIELT SOGAR VORTRÄGE IN DEN KLASSISCHEN KRAFTWERKEN VON E.D.F. DIESE ZEIT ENDETE 1972 MIT EINER HABI- LITATION ÜBER DIE NEUTRONENEIGEN- SCHAFTEN VON PLUTONIUM.

DAS WAR INTERESSANT UND ICH WAR PER DEFINITIONEM FÜR KERNKRAFT.

UND WARUM SIND SIE ES NICHT MEHR?

IM ANSCHLUSS AN DEN MAI 1968 WURDE ICH EIN AKTIVIST DER GEWERKSCHAFT C.F.D.T.*** DER C.E.A. SO LERNTE ICH EINE ANDERE REALITÄT DER ATOMKRAFT KENNEN, DIE ARBEITSBEDINGUNGEN IN DEN ATOM- FABRIKEN VON MARCOULE UND LA HAGUE UND DIE GEFAHREN DER RADIOAKTIVITÄT.

WÄHREND DER KRISE, DIE DIE C.E.A. ANFANG DER 70ER-JAHRE ERLEBTE, HAT DIE GEWERKSCHAFT SICH UM AUFKLÄRUNG DER GEWERK- SCHAFTLER HINSICHTLICH ALLER ASPEKTE DER ELEKTRONUKLEA- REN PRODUKTION GEKÜMMERT, VON DER MINE BIS ZUM ABFALL. ICH WAR DABEI AKTIV UND WURDE 1973 STÄNDIGER GEWERK- SCHAFTSVERTRETER.

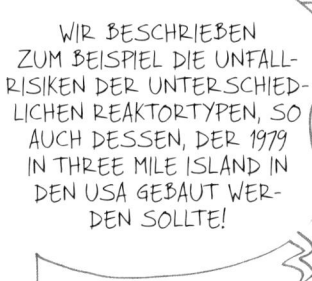

WIR BESCHRIEBEN ZUM BEISPIEL DIE UNFALL- RISIKEN DER UNTERSCHIED- LICHEN REAKTORTYPEN, SO AUCH DESSEN, DER 1979 IN THREE MILE ISLAND IN DEN USA GEBAUT WER- DEN SOLLTE!

DANN HABEN SIE ALSO DIESE RE- CHERCHEARBEITEN UND DAS SCHREIBEN UM- GESTIMMT?

DIESE SEHR PRÄZISE UND GE- NAUE ARBEIT WAR PER SE KRITISCH GEGENÜBER DER NUKLEAREN SICHER- HEIT, DER PRODUKTION VON ATOMMÜLL, DEN RISI- KEN FÜR DIE ARBEITER UND DIE BEVÖL- KERUNG.

PARADOXERWEISE WURDE SIE SEHR GUT VON DER C.E.A. AUFGENOM- MEN, DENN ES GAB BISHER NICHTS SO UMFASSENDES. WIR WURDEN BEGLÜCK- WÜNSCHT!

* COMMISSARIAT À L'ÉNERGIE ATOMIQUE ET AUX ÉNERGIES ALTERNATIVES
** ÉLECTRICITÉ DE FRANCE
*** CONFÉDÉRATION FRANÇAISE DÉMOCRATIQUE DU TRAVAIL

95

DIESER TEXT WURDE 1975 VON SEUIL VERÖF-
FENTLICHT, UND BIS 1982 ÜBERARBEITET UND
UNTER DEM TITEL »DIE ELEKTRONUKLEARE
AKTE« NEU AUFGELEGT.

ZUNÄCHST
SCHON ...

NACHDEM ICH DREI JAHRE
STÄNDIGER GEWERKSCHAFTS-
VERTRETER DES C.F.D.T. BEI DER
C.E.A. WAR, NAHM ICH DORT WIEDER
MEINE BERUFLICHE TÄTIGKEIT AUF,
NICHT MEHR FÜR FRAGEN DER
REAKTORPHYSIK, SONDERN FÜR
ALLGEMEINE ENERGIEFRAGEN
UND INSBESONDERE DER
ENERGIEPLANUNG.

FÜR MICH WAR
DAS KAPITEL AB-
GESCHLOSSEN.

ICH KONNTE
NICHT MEHR
ZURÜCK.

UND DANN
HABEN SIE WEITER
FÜR DIE C.E.A. GE-
ARBEITET?

DAS GEHT
ÜBER DIE ATOM-
KRAFT HINAUS ...

OH JA! DABEI BESCHÄFTIGE
ICH MICH MIT ENERGIEFRAGEN IM GLO-
BALEN SINNE. MEIN FORSCHUNGSGEBIET
WEITETE SICH GLEICHZEITIG AUS, ICH HABE
WEITER MIT DER C.F.D.T. GEARBEITET, WO
ICH STÄNDIGER VERTRETER FÜR FRAGEN
DER ENERGIEPOLITIK, DER KERNKRAFT,
DER ENERGIEKONTROLLE UND FÜR
INTERNATIONALE BEZIE-
HUNGEN WURDE.

DIE 70ER-JAHRE SIND VOM ÖLSCHOCK
GEPRÄGT UND IN FRANKREICH DURCH DEN START
DES »MESSMER-PLANS«, DER DIE POLITIK DES »TOUT
ÉLECTRIQUE – TOUT NUCLÉAIRE«* MIT DEM MASSI-
VEN BAU NEUER REAKTOREN EINFÜHRT UND SEINER
ENTSCHEIDUNG 1976, IN CREYS-MALVILLE DEN
BRÜTER SUPERPHÉNIX ZU BAUEN.

DIE C.F.D.T. IST SEHR
AKTIV IM WIDERSTAND GEGEN
DAS NUKLEARPROGRAMM. VOR DEN
WAHLEN 1981 WIRD EINE GROSSE PETI-
TION FÜR EINEN WANDEL DER ENER-
GIEPOLITIK VON DER GESAMTEN LINKEN
UNTERZEICHNET, MITTÉRAND
EINGESCHLOSSEN!

ACH? ICH KANN MICH
NICHT ERINNERN, DASS
DIE MACHTÜBERNAHME DER
LINKEN DIE FRANZÖSISCHE
NUKLEAREPIDEMIE ABGE-
BREMST HÄTTE.

SCHLIMMER
ALS DAS!

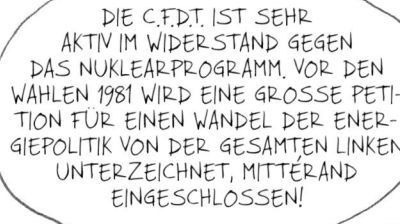

DARIN WIRD AN-
GEKÜNDIGT, DASS
KEIN NEUES KERN-
KRAFTWERK GEBAUT
UND EINE BREITE ENER-
GIEDEBATTE ORGANI-
SIERT WERDEN
WÜRDE.

IM OKTOBER
1981 HÄLT PIERRE
MAUROY, DER NEUE
SOZIALISTISCHE PRE-
MIERMINISTER, IN DER
NATIONALVERSAMMLUNG
EINE PROGRAMMATISCHE
REDE ZUR ENERGIE.
WIR GEHEN VOLLER
HOFFNUNG DORT-
HIN ...

* ALLES ELEKTRISCH – ALLES NUKLEAR

... UND KOMMEN WEINEND WIEDER RAUS! ER HAT UNS MIT EINER KOMPLETT PRONUKLEAREN REDE UMGEHAUEN!

IST DAS BEREITS EIN EFFEKT DER MACHT DESSEN, WAS MAN NOCH NICHT ATOMLOBBY NENNT?

ICH VERLASSE DIE C.F.D.T. 1984. BIS 1987 LEITE ICH DIE NAGELNEUE FRANZÖSISCHE AGENTUR FÜR DIE KONTROLLE VON ENERGIE.

GENAU! JAHRE DES KAMPFES MIT WENIGEN WORTEN HINWEGGEFEGT!

1982 HAT FRANKREICH VIERUNDDREISSIG REAKTOREN, WAS FÜR UNSEREN BINNENVERBRAUCH VÖLLIG AUSREICHT. ABER WIR BAUEN IMMER WEITER UND EXPORTIEREN ATOMSTROM.

1988, NACHDEM MICH DIE BEHÖRDE ENTLÄSST UND ICH DER C.E.A. DEFINITIV DEN RÜCKEN KEHRE, GRÜNDE ICH MIT FLORENCE ROSENTHIEL DAS INGENIEURBÜRO I.C.E.

INTERNATIONAL CONSEIL ENERGIE ...

... DAS ALL DIESE JAHRE AN POLITISCHEN MASSNAHMEN ZUR ENERGIEKONTROLLE WELTWEIT ARBEITET.

ALS MITGLIED DES KABINETTS VON DOMINIQUE VOYNET, DIE 1998-1999 UMWELTMINISTERIN IST, BIN ICH MIT ATOMPOLITIK UND FRAGEN NUKLEARER SICHERHEIT BETRAUT UND KOMME SO DIREKT WIEDER ZUM THEMA ZURÜCK.

1992 BIN ICH DEM VEREIN GLOBAL CHANCE BEIGETRETEN, WO ICH MEINE »KARRIERE«, WENN MAN SO SAGEN KANN, DES KRITISCHEN UND UNABHÄNGIGEN EXPERTEN ZU DIESEN FRAGEN WEITERVERFOLGT HABE, VOR ALLEM IM DIENSTE DER ÖFFENTLICHKEIT UND VON NGOS.

UND VON DIESEM ÜBERWACHUNGSPOSTEN AUS BEOBACHTEN SIE, WAS IN BURE PASSIERT?

JA ... DER VON DER ATOMINDUSTRIE PRODUZIERTE NUKLEARMÜLL ... WIR PRODUZIEREN IHN WEITER UND WISSEN NICHT, WOHIN DAMIT.

DAS MEER, DIE LUFT UND DEN BODEN HABEN WIR SCHON AUF TAUSENDERLEI WEISE VERSCHMUTZT, ABER NOCH NICHT DEN UNTERGRUND. CIGÉO IST GENAU DAS: WIR BEENDEN DIE ARBEIT ...

JETZT DIE BONUSFRAGE.

JA?

KÖNNTEN SIE DEN LEUTEN, DIE KEINE AHNUNG HABEN, ERKLÄREN, WAS NUKLEARMÜLL IST?

NA KLAR!

ALSO, ZUR STROMERZEUGUNG HABEN WIR GROB GESAGT DREI MÖGLICHKEITEN:

DAS EINFACHSTE IST DIE SOLARENERGIE: SILIZIUM, EIN PANEL – UND WIR HABEN STROM. DAS IST WELTWEIT AUF DEM VORMARSCH.

DANN DIE MECHANISCHE ENERGIE. MIT DER WASSERKRAFT IN EINER TALSPERRE ODER DER DES WINDES AUF EINEM WINDRAD BRINGE ICH EINE TURBINE ZUM DREHEN, DIE STROM ERZEUGT.

UND DANN GIBT ES DIE WÄRMEENERGIE. WENN ICH KOHLE, HOLZ, GAS ODER ÖL VERBRENNE, ERZEUGE ICH HITZE, DIE WÄRME PRODUZIERT, DIE DANN DIE TURBINE ANTREIBT.

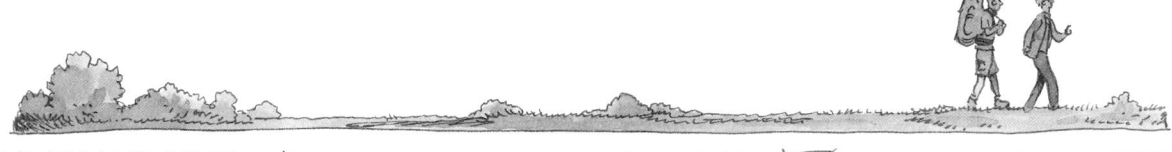

UND EBEN DIE NUKLEARENERGIE: DAS IST NUR EINE KOMPLIZIERTERE ART WÄRME ZU ERZEUGEN.

BIS DAHIN KOMME ICH MIT.

GUT! SIE ALS ZEICHNER, WUSSTEN SIE, DASS URAN, DAS SCHWERSTE NATÜRLICHE ELEMENT, DAS ENDE DES 18. JAHRHUNDERTS ENTDECKT WURDE, ZUNÄCHST DAZU DIENTE, GELBE FARBE HERZUSTELLEN?

WIRKLICH?

JA, DIE URANSALZE WURDEN ANFANGS DAZU VERWENDET. ABER ZURÜCK ZUM THEMA.

JA, BITTE.

DANK DER ARBEITEN VON HENRI BECQUEREL ENDE DES 19. JAHRHUNDERTS UND DANN DENEN VON PIERRE UND MARIE CURIE, FRÉDÉRIC JOLIOT-CURIE IN FRANKREICH SOWIE EINIGEN ANDEREN ENTDECKTE MAN, DASS DER AUS DEM URANISOTOP 235 BESTEHENDE ATOMKERN BEIM ZUSAMMENTREFFEN MIT EINEM NEUTRON EXPLODIEREN KONNTE.

DAS IST DIE KERNSPALTUNG, DIE DEN KERN IN SPALTPRODUKTE SOWIE ZWEI ODER DREI NEUTRONEN ZERTEILT.

DIESE NEUTRONEN ERZEUGEN WIEDERUM NEUE SPALTPRODUKTE, WENN MAN DURCH DIE SOGENANNTE KETTENREAKTION GENUG URAN ERHÄLT. SPALTUNGEN UND KETTENREAKTIONEN ERZEUGEN ...

... WÄRME?

RICHTIG. DAS IST DAS ZIEL.

DER KERNREAKTOR IST IM GRUNDE EIN DAMPFKOCHTOPF, IN DEN WIR BRENNELEMENTE MIT URAN UND MATERIAL GEBEN, DAS DIE NEUTRONEN VERLANGSAMT, WODURCH MAN MEHR SPALTUNGEN ERHÄLT SOWIE EINE FLÜSSIGKEIT (GAS ODER WASSER), DIE DIE WÄRME AUFFÄNGT.

DIESE WÄRME ERZEUGT DEN DAMPF, DER UNSERE BESAGTE TURBINE ANTREIBEN WIRD, DIE WIEDERUM STROM ERZEUGT ...

DAS KLINGT DOCH ALLES PERFEKT!

SICHER, BIS HIERHIN IST ALLES GUT. ABER WIR HABEN GESEHEN, DASS DIE SPALTUNG SPALTPRODUKTE PRODUZIERT, TEILE DES URSPRÜNG-LICHEN URANKERNS, DIE ZWAR ALS ELEMENTE IN DER NATUR VORKOMMEN, ABER NICHT IN DIESER FORM: SIE SIND RADIOAKTIV UND SONDERN SEHR GE-FÄHRLICHE TEILCHEN ODER STRAHLEN AB.

GIBT ES DENN NOCH ANDERE?

OH JA ... DA URAN SELBST RADIOAKTIV IST, PRODUZIEREN ALLE NÖTIGEN INDUSTRIELLEN AKTI-VITÄTEN, UM EINE STROMERZEUGUNG NUKLEAREN URSPRUNGS ZU ERHALTEN, RADIOAKTIVEN MÜLL: MINENABFÄLLE, DENN MAN MUSS DAS URAN JA IRGENDWO FÖR-DERN, ABER AUCH ABFÄLLE AUS CHEMI-SCHEN VORGÄNGEN, RADIOAKTIVE BRENNSTOFFE UND RADIO-AKTIVES MATERIAL.

IN FRANKREICH WERDEN SIE NACH IHRER ZEIT AM KERNKRAFTWERK NACH LA HAGUE IM COTENTIN TRANSPORTIERT, WO SIE ZUNÄCHST IN BECKEN GE-LAGERT UND DANN CHEMISCH BEHANDELT WERDEN – MAN NENNT DAS AUFBEREITUNG –, UM DAS PLUTO-NIUM HERAUSZULÖSEN, WÄHREND DIE SPALTPRO-DUKTE UND DIE AKTINIDE DER MINEN MIT GLAS VERSCHMOLZEN WERDEN, UM DARAUS VER-GLASTE ABFÄLLE HERZUSTELLEN.

DIESE SPALTPRODUKTE SOWIE ANDERE ELEMENTE, DIE IN DEN BRENNSTOFFEN DURCH ANDERE NUKLEARREAK-TIONEN PRODUZIERT WERDEN, WIE ETWA PLUTONIUM, FÜH-REN DAZU, DASS DIE ABGEBRANNTEN BRENNSTOFFE, DIE DEN REAKTOR NACH VERWENDUNG VERLASSEN, KEIN INERTES MATERIAL SIND WIE DIE ASCHE AUS EINEM KOH-LEKRAFTWERK, SONDERN EXTREM GEFÄHRLICHE, SEHR HEISSE UND NICHT TRANSPORTIERBARE STOFFE, DIE JAHRELANG IN BECKEN NAHE DEN KERNKRAFTWERKEN GELAGERT WERDEN. DAS SIND RADIOAKTIVE BRENN-STOFFE, DIE DIE GEFÄHRLICHSTEN UND LANG-LEBIGSTEN SUBSTANZEN ENTHALTEN.

UND EINIGE DIESER ABFÄLLE BLEIBEN ÜBER HUNDERTTAUSENDE VON JAHREN SEHR GEFÄHRLICH, WEIL IHRE RADIOAKTIVITÄT NUR LANGSAM ABNIMMT.

WAS MACHEN WIR MOMEN-TAN DAMIT?

DIE AM STÄRKSTEN RADIOAKTIVEN ELEMENTE WERDEN IN DEN MEISTEN LÄNDERN IN DEN ABGEBRANNTEN BRENNSTOFFEN BELASSEN. SIE WERDEN ALS NUKLEARER RESTMÜLL BETRACH-TET UND IN BECKEN NAHE DEN KERNKRAFTWERKEN GELAGERT, BIS MAN EINE LÖSUNG FINDET ...

DAS VERURSACHT WIE-DERUM EINE GROSSE MENGE AN BETRIEBSBEDINGTEN RADIOAKTIVEN ABFÄLLEN UND RADIOAKTIVE ELEMENTE, DIE IN DIE LUFT UND INS MEER GE-LANGEN. MEINER ANSICHT NACH IST DAS MOMENTAN GRAVIERENDER ALS DIE ABFÄLLE!

IST DAS ALLES?

OH NEIN ... ES GIBT NOCH DIE AUS DEM RÜCKBAU VON KERNKRAFTWERKEN, WAS BALD DER FALL IN FESSENHEIM SEIN WIRD. BIS JETZT HATTEN WIR NUR EINE SCHLIMME ERFAHRUNG MIT DEM KLEINEN WERK VON BRENNILIS IN DER BRETAGNE GEMACHT, DAS 1985 STILLGELEGT WURDE UND NOCH LANGE NICHT DE-MONTIERT IST!

ALL DIESE ABFÄLLE VON »GERINGER AKTIVITÄT« SIND BEREITS AN SPEZIELLEN ORTEN ENDGELAGERT: EINER UNWEIT VON LA HAGUE UND ZWEI IM OSTEN: SOULAINES UND MORVILLIERS. SIE WERDEN MINDESTENS DREI-HUNDERT JAHRE LANG KONTROLLIERT WERDEN MÜS-SEN, BIS IHRE RADIOAKTIVITÄT ALS SCHWACH GENUG EINGESTUFT WERDEN KANN.

HOFFEN WIR ES ...

DER RÜCKBAU WIE DAS ABFALLMANAGEMENT STELLEN EIN GROSSES TECHNISCHES, ABER AUCH FINAN-ZIELLES PROBLEM DAR.

WIESO DAS?

WIR WISSEN BEREITS, DASS DIE VON E.D.F. ZURÜCKGELEG-TEN MITTEL NICHT REICHEN WERDEN.

ABER IR-GENDJEMAND MUSS JA BE-ZAHLEN, NICHT?

WIR SEHEN JETZT, DASS DIESE WUNDERBARE STROMPRODUKTION, DIE AUS GROSSEN WISSENSCHAFT-LICHEN ENTDECKUNGEN HERVOR-GING, GAR NICHT SO WUN-DERBAR IST!

WAS DENKEN SIE, MÜSSEN WIR MIT DIESEN AB-FÄLLEN TUN?

BEI DER SACKGASSE, IN DER WIR UNS BEFINDEN, BEI DER ANHÄUFUNG VON RADIOAKTIVEM ABFALL AUS DER ATOMSTROM-PRODUKTION, DER HUNDERT-TAUSENDE JAHRE ÜBERDAUERT, LIEGT DIE LÖSUNG DARIN, IHN NICHT MEHR HERZUSTELLEN, WIE DIE DEUTSCHEN ES TUN.

ABER DER, DER SCHON DA IST ...

DIE AKTUELLE POLITIK IN FRANKREICH HAT BESCHLOSSEN, DIE GEFÄHRLICHSTEN ABFÄLLE, DIE LANGLEBIGEN HOCH- UND MITTEL-RADIOAKTIVEN ABFÄLLE, IN SEHR TIEFEN, IN TONSCHICHTEN LIEGENDEN STOLLEN IN DER MEUSE ZU VERGRABEN.

DAS IST DIE CIGÉO ...

AUS SICHERHEITSTECHNISCHER SICHT IST DAS PROJEKT SCHLECHT. AUCH ETHISCH IST ES INAKZEPTABEL.

DER BAU, DER BETRIEB UND DAS EINLAGERN DER ABFÄLLE DER CIGÉO SOLL MEHR ALS EIN JAHRHUNDERT DAUERN. ES KAM IMMER WIEDER ZU ÖFFENTLICHEN DEBATTEN, UND JENE 2018 UND 2019 KONNTEN AUFZEIGEN, DASS ES STARKE TECHNISCHE SCHWÄCHEN GIBT.

NENNEN SIE EIN BEISPIEL.

DIE ABFÄLLE WÜRDEN ÜBER JAHRZEHNTE WASSERSTOFF ABGEBEN. BEI MEHR ALS 4% WASSERSTOFF IN DER LUFT BESTEHT EXPLOSIONSGEFAHR ...

DIE ANDRA PLANT DAHER EINE STARKE BELÜFTUNG, DIE ÜBER MINDESTENS HUNDERTFÜNFZIG JAHRE NIEMALS STOPPEN DARF! DAS SIND BELÜFTUNGSSCHÄCHTE DES SYSTEMS, DIE DORT HERAUSKOMMEN, WO SICH MOMENTAN DER BOIS LEJUC BEFINDET.

BEI EINER PANNE MUSS DIESE UNBEDINGT IN WENIGEN TAGEN BEHOBEN WERDEN, MAXIMAL IN EINER WOCHE. FALLS DA UNTEN EINE EXPLOSION ODER EIN BRAND ENTSTEHT, HELFEN UNS AUCH KEINE DIESELGENERATOREN UND NOTAGGREGATE MEHR. DIE SITUATION IST ABSOLUT KATASTROPHAL!

DER TON MUSS ALLEIN ZUSEHEN, WIE ER DIE FLAMMEN, DIE HITZE UND DIE RADIOAKTIVITÄT IN SCHACH HÄLT! DIE ANDRA PRÄSENTIERT UNS DIESES PROJEKT ALS »REVERSIBEL«, ABER DAS IST EINE FARCE. SELBST WENN MAN FRÜH GENUG MERKT, DASS EINE LADUNG DORT UNTEN PROBLEME MACHT, WIRD ES SEHR SCHWIERIG, VOR DEM BRAND EINZUGREIFEN!

DIE FOLGEN FÜR DIE REGION UND WEIT DARÜBER HINAUS WÄREN FURCHTBAR!

UND IN ETHISCHER HINSICHT?

MAN GIBT VOR, EINE LÖSUNG GEFUNDEN ZU HABEN, ABER BEGNÜGT SICH DAMIT, DIESE ABFÄLLE UNTER DEN TEPPICH ZU KEHREN, WEIL MAN NICHT WEISS, WOHIN DAMIT. JAHRELANG HAT FRANKREICH SIE KLAMMHEIMLICH IM MEER VERSENKT, UND JETZT IM BODEN!

KANN MAN EINE PROBLEMLOSE LAGERUNG VON STARK RADIOAKTIVEM MATERIAL ÜBER MEHRERE HUNDERTTAUSEND JAHRE »GARANTIEREN«, WIE DIE CIGÉO-BEFÜRWORTER ES VORGEBEN?

DIE ZUKÜNFTIGEN GENERATIONEN WERDEN GUTE GRÜNDE HABEN, UNS BÖSE ZU SEIN.

WAS MACHEN WIR ALSO MIT DIESEN ABFÄLLEN?

UNSERE GENERATION HAT SICH MIT DER ATOMKRAFT SELBST EINE FALLE GESTELLT. WIR MÜSSEN DAMIT LEBEN. ES GIBT KEINE EINFACHE LÖSUNG.

DER LOGIK DES CIGÉO-PROJEKTS EINER IRREVERSIBLEN ENDLAGERUNG GEGENÜBER STEHT DIE MITTELFRISTIGE OBERFLÄCHENNAHE TROCKENLAGERUNG DER HOCH- UND MITTELRADIOAKTIVEN ABFÄLLE, ÜBERWACHT, KONTROLLIERT UND REVERSIBEL, IN GROSSEN, IN HÄNGE GEGRABENEN HALLEN, UM GEGEN ANGRIFFE GESCHÜTZT ZU SEIN.

PARALLEL DAZU WÜRDEN WIR WEITER FORSCHEN, UM EINE BEFRIEDIGENDE LÖSUNG ZU FINDEN, DIE DIE RADIOAKTIVITÄT UND DIE LEBENSDAUER DES ATOMMÜLLS VERRINGERT ODER GAR AUFHEBT.

SIE NIEMALS AUS DEN AUGEN VERLIEREN, RICHTIG?

GENAU!

WIR GEBEN UNSEREN GELEHRTEN HUNDERTE JAHRE, UM DARAN ZU ARBEITEN!

DER FORSCHUNG ZEIT GEBEN, DAS IST DIE DEVISE!

UND WIR HABEN EINIGE HUNDERT JAHRE, MINDESTENS DREIHUNDERT, VOR UNS, DENN DAS IST DIE ZEIT, IN DER MAN DIE ANLAGEN DER AKTUELLEN LAGER OHNEHIN ÜBERWACHEN UND KONTROLLIEREN MUSS.

IM GEGENSATZ ZU IHRER LÖSUNG GIBT UNSERE NICHT VOR, FÜR DIE EWIGKEIT ZU SEIN.

WISSEN SIE, ALL DIESE ATOMKRAFTBEFÜRWORTER SIND FÜR DIE CIGEO, WEIL DEREN LÖSUNG SIMPEL WIRKT UND DAS PROBLEM DES ABFALLS ZU REGELN SCHEINT.

IM GRUNDE EIN ZEICHEN FÜR DAS SCHEITERN DER ATOMENERGIE.

UND DAS SCHLIMMSTE IST, DASS ALLE KÜNFTIGEN ATOMKRAFTKUNDEN MEINEN WERDEN, SIE KÖNNTEN ES WIE FRANKREICH MACHEN: ALLES IN MEHR ODER WENIGER PASSABLE LÖCHER WERFEN.

ES IST IRREVERSIBEL.

PECH FÜR UNSERE NACHKOMMEN.

UND DAS IST VERBRECHERISCH.

DER ASPHALT BRENNT VON DER NACHMITTAGS-HITZE, ALS ICH IN ÉBREUIL ANKOMME.

La Sioule

IN SEINER HÜTTE SCHAUT DER LEITER DES CAMPINGPLATZES AUF DAS VON SCHWEISS UND STAUB BEDECKTE SÄUGETIER, DAS GERADE REINGEKOMMEN IST.

NACH WENIGEN SEKUNDEN DES ZÖGERNS, GE-PAART MIT MITLEID UND ABSCHEU, STELLT ER MIR DIE EINZIGE FRAGE, DIE IHM IN DEN SINN KOMMT.

UND IN DIESEM MO-MENT IST ES OHNE ZWEIFEL DIE EINZIG LOGISCHE FRAGE.

SIND SIE EIN WANDERER?

KURZE NACHT.

NOCH MÜDE.

KEIN APPETIT.

DIREKTES FAZIT: KEINE ENERGIE. ICH ZOTTELE AM SCHWÜLEN MORGEN AM UFER DER SIOULE ENTLANG.

DIE SONNE BEGINNT DAS LAND AUFZUHEIZEN, ALS ICH AN DIE A71 GELANGE.

ICH KENNE DIESE AUTOBAHN GUT, DIE DURCHS ZENTRUM VON FRANKREICH GEN SÜDEN FÜHRT.

IMMER WENN MICH DIE BERGE RUFEN, FAHRE ICH DORT OBEN MIT 130 KM/H LANG.

HEUTE MORGEN, ALS ICH IM LÄRM DER GLEICHGÜLTIGEN LASTER UNTER IHRER BRÜCKE HERLAUFE, EMPFINDE ICH FLÜCHTIG DIE DEMÜTIGUNG DES STOLZEN WILDSCHWEINS, DAS EINE DER FÜR WILDTIERE ANGELEGTEN ÜBERFÜHRUNGEN NEHMEN MUSS.

IN MEINER PERSÖNLICHEN KARTOGRAFIE BEGINNT JENSEITS DIESER ACHSE DURCH DAS FRANZÖSISCHE TERRITORIUM DER ZWEITE TEIL MEINER WANDERUNG.

ICH GEHE NACH OSTEN. WIR HABEN DEN 26. JUNI.

CHEMIN de BELLE HUMEUR

DAS DORF CHARROUX BESITZT DAS LABEL »SCHÖNSTES DORF FRANKREICHS«.

KLUGE LEUTE HABEN BESCHLOSSEN, DASS SIE DAS KONZEPT DER SCHÖNHEIT BEHERRSCHEN.

SEHR INTERESSANT.

MAN FINDET ALSO DORT IN DEN HÜBSCH GE-PFLASTERTEN GASSEN ALTE, LIEBEVOLL RES-TAURIERTE HÄUSER UND DIE, WIE ZU ERWARTEN, SORGFÄLTIGEN BLUMENARRANGEMENTS.

ES IST NICHT HÄSSLICH.

VIELLEICHT SCHÖN.

EINIGEN WIR UNS GANZ DIPLOMA-TISCH AUF LIEBLICH.

ACHTHUNDERT KILOMETER?!

AU BACKE! DA SITZEN WIR LIEBER IM KÜHLEN UND TRINKEN BIER!

HIER! ZUR STÄRKUNG NOCH EIN KEKS ZU IHREM KAFFEE! GESCHENK DES HAUSES!

AH...

ÄHM...

DANKE ...

VOM AUSSICHTSPUNKT AM NORDRAND DES DORFES STARTE ICH IN DAS BRENNENDE WEIZENMEER.

Le Pérou

DAS GEFÜHL DER EINSAMKEIT IST ABSOLUT. DIE REGLOSE STILLE WIRD NUR VON MEINEN SCHRITTEN AUF DEM KIES GESTÖRT.

ICH RICHTE MICH ALSO IN DIESEM GEISTESZU-STAND EIN, DEN ICH NICHT VERACHTE. JENER, DER SICH GEWÖHNLICH BEI MÜDIGKEIT EINSTELLT, BEIM HERABSTEIGEN NACH EINEM LANGEN TAG IN DEN BERGEN, WENN DER GEIST ÜBERSÄTTIGT VON HORIZONTEN IST UND DAS KOMMANDO DEN BEINEN ÜBERLÄSST.

HIER IST DER WEG EINFACH, ABER ICH HABE DAS GEFÜHL, DASS ES DER HITZE GESCHULDET IST: ICH KONZENTRIERE MICH AUF MEINE EMPFINDUNGEN UND IGNORIERE ALLES ÜBRIGE.

ICH REDUZIERE MICH AUF DEN KÖRPER, DER LÄUFT.

AUF DIESE MENSCHLICHE MASCHINE IN AKTION, DEREN EINSTELLUNGEN ICH EINFACH BEOBACHTE.

DAS MATERIAL IST RECHT ZUVERLÄSSIG UND GANZ GUT GEWARTET. ABER OKAY, ES WURDE IMMERHIN IN DEN 60ER-JAHREN HERGESTELLT.

ES IST NICHT MEHR GANZ NEU, VON DAHER ...

BIP BIP BIP BIP

AH, NANU, DA IST WAS HEISSGELAUFEN ...

DURSTALARMSTUFE ZWEI. SCHATTENZONE NÄHERT SICH. WASSERPAUSE.

ROGER.

UND WENN SICH DANN EIN ARTGENOSSE NÄHERT ...

... WIRD MAN WIEDER ZUM SAPIENS.

NACH BURE?

KENNE ICH NICHT ...

TJA, ES PAS-SIERT OFT, DASS MEINE ARTGE-NOSSEN BURE NICHT KENNEN.

DESHALB ZEICH-NE ICH JA AUCH DIESES BUCH.

FRÜHER NACHMITTAG: ICH BIN IN CHANTELLE.

DAS DORF IST HINTER SEINEN FENSTERLÄDEN VERBARRIKADIERT.

AUF DER SUCHE NACH EIN WENIG KÜHLE UND UM EIN PAAR STUNDEN ZU SCHLAFEN, NEHME ICH DORT EIN ZIMMER BEI EINEM RENTNER-EHEPAAR.

HIER LIEGE ICH ALSO NACKT IN EINEM ZEITLOSEN RAUM UND VERSUCHE ERFOLG-LOS, ZU SCHLAFEN.

AUF DER ANDEREN SEITE DER WAND HÖRE ICH MEINE GASTGEBER MURMELN. SIE HABEN BESUCH UND VER-SUCHEN IHM GEDÄMPFT ZU ERKLÄREN, DASS SICH NEBENAN EIN KOMISCHER TYP AUSRUHT.

DIESER MOMENT WIRD DER SKURRILSTE MEINER GAN-ZEN WANDERUNG BLEIBEN.

DAS RESPEKTVOLLE GETUSCHEL. DAS STICKIGE ZWIELICHT DES NACHMITTAGS. DIESER REGLOSE KÖRPER AUF DEM BETT. DER MOMENT HAT ALLES VON EINER TOTENWACHE.

UND DER TOTE BIN ICH.

ICH HATTE MEINEN GASTGEBER INFORMIERT, DASS ICH MITTEN IN DER NACHT AUFBRECHEN WOLLTE. ER WOLLTE UNBEDINGT AUFSTEHEN UND MIR EIN KRÄFTIGES FRÜHSTÜCK ZUBEREITEN, DAS ICH IN SEINEM BEISEIN VERSCHLANG.

ICH GLAUBTE, DIE BITTERE TRAUER DES ALTEN MANNES ZU SPÜREN, DER WEISS, DASS ER NIE MEHR ÜBER DIESE WEGE LAUFEN KANN WIE DIESER VIELFRASS, DER SEIN SOHN SEIN KÖNNTE.

ICH WERDE VON EBENJENEM ELAN GETRAGEN.

Le chemin des ruys PR36
FLEURIEL   2.5km→

GR300
FLEURIEL   2.5km
CHANTELLE   9km
PASSERELLE   à 30m

GR300
2 km
5.5 km   LOUCHY MONTFAND
8 km   SAINT POURÇAIN SUR SIOULE   CESSET

ES IST DAS LÄNDLICHE FRANKREICH, FRIEDLICH UND OFFEN, DESSEN DURCHQUERUNG WEIT WENIGER MONOTON IST ALS ANGENOMMEN.

(JÄGER? BESTIMMT NICHT. ABER EIN FREUDIGER SAMMLER.)

UND AM 27. JUNI, NACHMITTAGS ...

ICH ERREICHE DAS UFER DES ALLIER.

DIE LUFT STEHT STILL.

DAS IST DER MOMENT, WO ICH DEN G.R. 300 VERLASSE, DER HIER IN RICHTUNG NORDWESTEN ABBIEGT.

AUF MEINER KARTE PLANE ICH DIE NÄCHSTE KURZE TAGESETAPPE.

ZWISCHEN DER GERADEN, ZWANZIG KILOMETER LANGEN LANDSTRASSE UND DEN SCHLAMMIGEN FLUSS-WINDUNGEN SUCHE ICH EINE ROUTE IN DIE STADT MOULINS IM NORDEN.

28. JUNI

ICH STARTE NÜCHTERN.

ICH WERDE OHNEHIN DEN GANZEN TAG ASPHALT SCHLUCKEN.

ICH LAUFE EINIGE STUNDEN DER NASE NACH AUF MEHR ODER WENIGER KLEINEN WEGEN, DIE PARALLEL ZUR HAUPTSTRASSE LIEGEN, DIE ICH AM ENDE NEHMEN MUSS, UM IN DIE STADT ZU KOMMEN.

LOS! DAS IST MEIN WEG NACH BURE ...

BURE UND DER BOIS LEJUC, WO MICHEL LABAT SEIT SEINER GEBURT LEBT.

ALS PENSIONIERTER ANSTREICHER UND EHEMALIGES GEMEINDERATSMITGLIED VON MAUDRES-EN-BARROIS SASS ER IN DER ERSTEN REIHE, ALS DIE ANDRA MIT IHREM CIGÉO-PROJEKT AUFKREUZTE. DER SO RUHIG UND FREUNDLICH WIRKENDE MANN GEHÖRT ZU DER KATEGORIE VON LEUTEN, DIE NIEMALS AUFGEBEN.

DAS ERSTE MAL TRAFEN WIR UNS BEI IHM ZU HAUSE EINIGE WOCHEN VOR MEINEM AUFBRUCH VON PECH MERLE. NACH EINER KURZEN WEILE DUZTEN WIR UNS.

WAS MICH WACHGERÜTTELT HAT, WAR DER TAUSCH DER WÄLDER 2015.

WAS FÜR EIN TAUSCH?

DER GEMEINDERAT MUSSTE UNTER DRUCK DIE ABTRETUNG DES BOIS LEJUC AN DIE ANDRA GEGEN ANDERE PARZELLEN BESCHLIESSEN.

DIE ABSTIMMUNG FAND NACH MEHREREN GESCHLOSSENEN SITZUNGEN GEHEIM STATT, IN ANWESENHEIT VON ANDRA-MITARBEITERN.

SIE KAMEN MIT ZWEI AUFSEHERN, DIE DIE RATHAUSTÜR BEWACHTEN.

DABEI IST ES EIN ÖFFENTLICHES GEBÄUDE!

ALL DAS TROTZ DER WEIGERUNG DER ZUVOR KONSULTIERTEN BEVÖLKERUNG.

DAS WAR NICHT HINNEHMBAR!

WIR REICHTEN EINE REIHE VON KLAGEN EIN. DER BEGINN DES KAMPFES!

DER WIDERSTAND FAND ALSO ZUERST VOR ORT STATT?

NICHT NUR. VIELE MENSCHEN VON AUSSERHALB, DIE ÜBER DIE VORGÄNGE BESORGT WAREN, KAMEN NACH BURE. DER BOIS LEJUC WURDE EIN SYMBOLISCHER ORT, WEIL IHR MÜLL GENAU DARUNTER VERGRABEN WERDEN SOLLTE. ER WÜRDE ABGEHOLZT, UM DORT ZWEI RIESIGE ABKÜHLSCHÄCHTE HINZUSETZEN.

JUNGE AKTIVISTEN HABEN DEN WALD ÜBER WOCHEN BESETZT, SOGAR MITTEN IM WINTER. DAS WAR ECHT TAPFER.

ANFANGS VERKEHRTEN WIR KAUM MITEINANDER. WIR HATTEN ANDERE METHODEN UND EINE ANDERE KULTUR. DANN LERNTEN WIR UNS KENNEN, DAS HAT UNS ZUSAMMENGESCHWEISST.

DIESER KAMPF IST NICHT IMMER EINFACH, OB ALSO LEUTE VON HIER ODER VON ANDERSWO, ALLE GUTEN KRÄFTE SIND UNS WILLKOMMEN!

WAS IST AM SCHWIERIGSTEN?

DIE POLIZEIÜBERWACHUNG GEHÖRT ZU UNSEREM ALLTAG.

STÄNDIG GIBT ES JEEP- UND MOTORRADPATROUILLEN.

ICH WERDE JEDES MAL KONTROLLIERT, WENN ICH MICH DEM WALD NÄHERE.

ICH WURDE IN DIE GENDARMERIE ZITIERT.

ICH WEISS, DASS MEIN TELEFON SEIT 2017 ABGEHÖRT WIRD.

IN DEN BETROFFENEN DÖRFERN GAB ES ZWEIUNDZWANZIG DURCHSUCHUNGEN.

UNSERE HÄUSER WERDEN REGELMÄSSIG VON HUBSCHRAUBERN ÜBERFLOGEN.

NACHTS VERWENDEN SIE MANCHMAL SCHEINWERFER.

WIR VERSTECKEN UNSERE COMPUTER.

DAS SCHAFFTE EINE SELTSAME STIMMUNG. IST DAS FRANKREICH?!

MANCHMAL KANN MAN KAUM GLAUBEN, DASS MAN IN EINER DEMOKRATIE LEBT.

ICH VERMUTE, DAS ALLES HAT EINFLUSS AUF DAS LEBEN VOR ORT ...

WEISST DU, DAS IST EIN LÄNDLICHER ORT, WO JEDER JEDEN KENNT ...

ALS DIE ANDRA KAM, WOLLTEN SIE ANFANGS NUR »BODENSONDIERUNGEN« VORNEHMEN. SIE SPRACHEN VON EINEM »LABOR« UND DANN ENGAGIERTEN SIE EINEN TYPEN, EINEN INGENIEUR VON HIER, DER SICH UM DAS BODENMANAGEMENT KÜMMERTE.

WAS HEISST?

DER BESAGTE PARZELLENTAUSCH!

DA ER VON HIER WAR, VERTRAUTEN IHM DIE BAUERN.

MITTLERWEILE BESITZT DIE ANDRA AN DIE ZWEITAUSEND HEKTAR WALD UND TAUSENDZWEIHUNDERT HEKTAR ACKERBODEN!

DARUNTER DEN BOIS LEJUC?

OH NEIN! 2017 HABEN WIR UNSERE KLAGE VON 2015 GEWONNEN! DIE GEHEIME ABSTIMMUNG WAR NICHT LEGAL!

DIE RECHTLICHE LAGE DES BOIS LEJUC IST FESTGEFAHREN. DIE MOBILEN GENDARMEN SIND STÄNDIG DORT, TAG UND NACHT! DIE ANDRA SIEHT SICH NOCH IMMER ALS EIGENTÜMER.

DENKEN DIESE LEUTE, SIE STEHEN ÜBER DEM GESETZ, WEIL DIE ANDRA EINE STAATSAGENTUR IST?

AUSSERDEM KOMMEN SIE NATÜRLICH MIT GELD. MIT VIEL GELD. UND MIT DEM VERSPRECHEN NEUE JOBS ZU SCHAFFEN.

SICHER EIN WIRKSAMES MITTEL.

TJA ...

SIE ZAHLEN FÜR ANLAGEN, GEHSTEIGE, STRASSENLATERNEN. ES IST LÄPPISCH, ABER DIE LEUTE LASSEN SICH DAVON VERFÜHREN.

ZUM GLÜCK NICHT ALLE!

SOGAR IMMER WENIGER!

DIE ARBEIT DER AKTIVISTEN WIRKT.

DANK DER INFOS.

DAS ERFORDERT ENORME ENERGIE.

UND HARTNÄCKIGKEIT.

WAS IST MIT DEN JOBS?

NICHT VIEL IN SICHT ...

DOCH: ICH KENNE EINE FRAU, DIE VOR EINIGEN JAHREN ANGESTELLT WURDE. SIE HAT GERADE GEKÜNDIGT. SIE HATTE NICHTS ZU TUN, DAS HAT SIE DEPRIMIERT.

DER GEMEINDERAT VON BURE HAT MITTEN AUF DEM LAND EIN HOTEL BAUEN LASSEN, DAS »LABORATOIRE«.

ES IST IMMER AUSGEBUCHT, AUCH LEERSTEHEND.

ICH SCHÄTZE, DIE ANDRA ZAHLT.

SIE KAUFEN DIE REGION UND WOLLEN DAFÜR UNSER SCHWEIGEN.

UND WIR, DIE WIR HIER LEBEN, ZÄHLEN WIR NICHT?

DAS LASSEN WIR UNS NICHT GEFALLEN!

ICH GEHE WEITER IM WALD SPAZIEREN. SOLLEN SIE MICH DOCH FILMEN ODER FESTNEHMEN.

ICH GLAUBE, ICH HABE KEINE ANGST MEHR.

STEVENSON.

LACARRIÈRE.

DAVID-NÉEL.

RUFIN.

TESSON.

NICOLAS BOUVIER, NATÜRLICH!

WIR ZÄHLEN ALLE REISESCHRIFTSTEL-LER AUF, DIE SIE SCHON IMMER MIT HINGABE LIEST.

SIE BOMBARDIERT MICH MIT FRAGEN ÜBER MEIN PROJEKT UND MEINE WANDERUNG.

IN NUR KNAPP ZEHN MINUTEN HABEN WIR DEN ORTSEINGANG DER STADT ERREICHT.

ALSO PARKEN WIR BRAV UND UNTERHALTEN UNS NOCH EINE GANZE WEILE.

ICH STRECKE MEINE FINGER NACH DER AUTOLÜFTUNG. ICH GENIESSE DIE KALTE LUFT DER KLIMAANLAGE.

SIE NOTIERT MEINEN NAMEN UND BEDAUERT, DASS ES ZU FRÜH IST FÜR EIN GEMEIN-SAMES MITTAGESSEN.

SIE VERSPRICHT MIR, MEIN BUCH ZU LESEN.

ICH GRÜSSE SIE, MADAME.

CENTRE VILLE
HALLE
JEAN MOULIN

BOURGES NEVERS

AUTRES DIRECTIONS
Gare S.N.C.F.

L'Allier

DIE STEINBÖGEN DES KLEINEN RESTAURANTS IM STADT-ZENTRUM HABEN ERFOLGLOS VERSUCHT MICH VOR DER HITZE ZU SCHÜTZEN. ALS ICH MEINE MAHLZEIT BEZAHLE, SPRICHT MICH EINER DER KUNDEN AN.

HEY! DER RIESENSACK!

BITTE?

ICH ERKENNE SIE WIEDER!

SIE SIND IN CHÂTEL-DE-NEUVRE UM FÜNF UHR MORGENS AN DER STRASSE ENTLANGGELAUFEN!

ICH HAB SIE ÜBERHOLT!

SIE MÜSSEN IRRE SEIN!

IRRE WOHL NICHT.

ABER NACH DEN TAGEN DER WEITE, DES GRASES UND DES WINDES MARSCHIERE ICH IN EINEM ZUSTAND DER WUT UND DES ÄRGERS ÜBER DEN ASPHALT, DER EINEN AN MEINEM GEISTESZUSTAND ZWEIFELN LASSEN KÖNNTE.

IN DEN LEEREN STRASSEN DIESER FRIEDLICHEN PROVINZSTADT FÜHLE ICH MICH EINGEENGT, ERDRÜCKT.

WEG VOM BODEN, WEG VOM THEMA.

29. JUNI

DU HAST GANZ SCHÖN ABGE-NOMMEN!

UND DU SIEHST MÜDE AUS.

FRANÇOISE TRIFFT MICH.

MIT EINEM TAXI ERREICHEN WIR DIE KLEINSTADT BOUR-BON-LANCY.

VON DORT AUS WOLLEN WIR IN EINIGEN TAGEN ÜBER DEN G.R. 13 DAS MASSIV DES MORVAN VON SÜDEN NACH NORDEN DURCHQUEREN.

EINIGE TAGE ZU ZWEIT.

ZWEI RUCKSÄCKE, EIN WANDERWEG. EINIGE TAGE, DIE IN JEDER HINSICHT DER ART ENTSPRECHEN, WIE WIR UNSERE FREIE ZEIT GERN VERBRINGEN.

EBEN URLAUB.

ICH MUSS ALLERDINGS ZUGEBEN, DASS ICH SEIT MEINEM AUFBRUCH VON PECH MERLE NICHT GANZ SO FREI LAUFE. JEDENFALLS NICHT SO FREI, WIE WENN ICH AUS REINEM VERGNÜGEN LAUFEN WÜRDE.

DIESMAL LAUFE ICH, UM EIN BUCH ZU SCHREIBEN UND ZU ZEICHNEN.

DIESMAL GEHT VON DEM WEG EINE HERAUSFORDE-RUNG AUS, DIE IHN IN GEWISSER WEISE HOLPRIG MACHT. WENN ICH AUS IRGENDEINEM GRUND BURE NICHT ERREICHEN SOLLTE, MÜSSTE ICH VON DIESEM BUCH ABSEHEN. ICH LAUFE FÜR EINEN ZWECK.

MIT FRANÇOISE ZU LAUFEN GIBT DER WANDE-RUNG IHRE NA-TÜRLICHE KLAR-HEIT ZURÜCK.

SO FREI WIE MIT
IHR LAUFE ICH
SONST NIE.

WIR VERSCHWINDEN
UNTER DEM BLÄTTER-
DACH DES MORVAN.

UND WENN ES IHNEN
NICHTS AUSMACHT,
HALTE ICH SIE BEI DIE-
SEM ROMANTISCHEN
SPAZIERGANG ETWAS
AUF ABSTAND.

WIR TREFFEN UNS AM AUS-
GANG DES MASSIVS WIEDER.

DENNOCH, ZWEI,
DREI SACHEN:

GUTEN TAG!

GUTEN
TAG!

TAG!

WIR HABEN FAST NIEMANDEN GETROFFEN.

ABER WIR TRAFEN JEFF.

ICH BIN VOR
DREI TAGEN IN
VÉZELAY AUFGE-
BROCHEN ...

UND
WOHIN
GEHEN
SIE?

NACH LAGUIOLE IM AUBRAC.

ICH WUSSTE NICHT RECHT, WAS ICH MIT MEINEN DREI WO-CHEN URLAUB ANFAN-GEN SOLLTE, ALSO SAGTE ICH MIR:

»WAS, WENN ICH MIR EIN MES-SER KAUFEN WÜRDE?«

ALSO NAHM ICH MEINEN RUCKSACK, UND HOPP!

DANN HABE ICH DIESEN SOM-MER NUR DAS GEMACHT:

EIN MESSER KAUFEN.

DER GEDANKE GEFÄLLT MIR.

JEFF LIEBT DEN MORVAN UND SEINE WEITLÄUFIGEN WÄLDER. ER BEKLAGT, DASS DIE LAUBBÄUME WIE BESESSEN MIT HEKTAREN VON DOUGLASTANNEN ERSETZT WERDEN, NADELBÄUME, DIE SCHNELL WACHSEN UND DEM HOLZMARKT ZUTRÄGLICH SIND.

DER UNTERBODEN VERSÄUERT. DIE LANDSCHAFT WIRD MONOTON. UND VOR ALLEM LEIDEN DIE WALDARBEITER. »ES GIBT VIELE DEPRESSIONEN UND SOGAR SELBSTMORDE UNTER DEN FORST-BEAMTEN«, SAGT ER UNS.

WIR REDEN AUCH ÜBER MEINE REISE. JEFF HAT SOGAR EINIGE MEINER BÜCHER GELESEN.

BURE, JA, NATÜRLICH, ER WEISS DAVON.

WIR NÄHERN UNS.

WAS DER PLANET ERLEIDET, ERLEIDEN AUCH WIR.

EIN ABEND IN EINEM KLEINEN DORF, EIN RESTAURANT PRÄSENTIERT UNS SEIN VERLOCKENDES MENÜ VOLLER SUBTILER UND DELIKATER SPEISEN. ZU SUBTIL UND ZU DELIKAT. ICH FRAGE DEN WIRT, OB ER EINVERSTANDEN WÄRE, MIR EINFACH EINEN RIESENTELLER NUDELN ZU SERVIEREN. ER RUNZELT DIE STIRN.

EIN DIPLOMATISCHER ZWISCHENFALL DROHT.

ICH ERZÄHLE IHM VON MEINER REISE.

BEI LANGEN TAGEN DES WANDERNS GIBT ES NICHTS BESSERES ALS NUDELN.

ER STIMMT MIR ZU.

DIE BESTEN NUDELN MEINES LEBENS.

EINES MORGENS ZWINGEN UNS PROVIANTEINKÄUFE ZU EINEM UMWEG. EIN JUNGER BAUER NIMMT UNS IM AUTO MIT.

DIE HERRSCHENDE DÜRRE ZEHRT AN SEINEN WEIDEN.

ER MUSS SEINEN KÜHEN ERGÄNZUNGSFUTTER GEBEN.

ER WÜRDE GERN WASSERLÖCHER GRABEN, ABER NEUE VERORDNUNGEN VERBIETEN DAS. DIESER ÖKOMIST IST NICHT ZUM AUSHALTEN, FINDET ER.

WIR LAGERN IN EINEM STEIN-BRUCH MITTEN IM WALD, WEIT WEG VON ALLEM.

DIE LICHTVER-SCHMUTZUNG IST HIER SO GERING, DASS EINEM DAS HIM-MELSGEWÖLBE VIEL NÄHER ER-SCHEINT, ALS WÜRDE ES AUF DEN BAUMWIP-FELN LIEGEN.

ICH BIN ERGRIFFEN.

ES IST GENAU DASSELBE, DAS UNSERE ART-GENOSSEN ZUZEITEN DER MAMMUTS BETRACH-TETEN. DIESES SCHWINDELGEFÜHL IST UNS GEMEIN. DAS MACHT ES KOSTBAR FÜR UNS.

EIN SATELLIT BRINGT MICH ZURÜCK INS 21. JAHRHUNDERT.

ICH VERSTEHE, DASS DIESES BILD EINES NACKTEN SAPIENS UNTER DER MILCHSTRASSE OHNE DIE SCHWEREN WANDERSCHUHE BES-SER AUSGESEHEN HÄTTE, ABER ICH ERZÄH-LE DIE DINGE SO, WIE SIE PASSIERT SIND, UND DAS LETZTE, WAS MAN IN EINEM SOLCHEN MOMENT BRAUCHT, IST EIN DORN IM FUSS.

DIE BEWOHNER DES GALLISCHEN DORFES BIBRACTE AUF DEM GIPFEL DES MONT BEUVRAY SIND SEIT ZWEITAUSEND JAHREN VERSCHWUNDEN. JULIUS CÄSAR, DER DORT NACH DER SCHLACHT UM ALESIA WOHNTE, UM SEINE SCHRIFT »ÜBER DEN GALLISCHEN KRIEG« FERTIGZUSTELLEN, HAT AUCH NICHT AUF UNS GEWARTET. WIR HABEN IHN NUR KNAPP VERPASST. WIR HÄTTEN SCHNELLER LAUFEN SOLLEN.

MÖGE MAN UNS VERZEIHEN:

VOM ÖRTLICHEN MUSEUM HABEN WIR NUR DIE TOILETTEN GESEHEN.

DIE ERSTE WASSERQUELLE NACH STUNDENLANGEM LAUFEN IN DER HITZE.

SECHS TAGE.

SECHS TAGE
HÜGEL UND
EINSAME
WÄLDER,
AN DEREN
ENDE WIR
AVALLON
ERREICHEN.

DORT NIMMT FRANÇOISE
WIEDER DEN ZUG, MIT DEN
BENUTZTEN WANDERKAR-
TEN UND EINEM TEIL MEI-
NES GEPÄCKS, DAS ICH
NICHT MEHR BRAUCHE.

6. JULI. LEICHTER UND
MIT NEUER ENERGIE
MARSCHIERE ICH GEN
NORDOSTEN.

»WENN DU AM WOCHENENDE IN DER GEGEND BIST,
DANN RUF MICH AN«, HATTE FRANCK GESAGT.

ER BIETET MIR AN, BEI IHM ZU WOHNEN.

ICH BIEGE AB.

AM NACHMITTAG BIN ICH BEI IHM.

DIE REGLOSE LUFT VIBRIERT DUMPF.

DAS LICHT WIRD BLEIERN.

DIE GERÄU-SCHE SIND GEDÄMPFT.

ES BRAUT SICH ETWAS ZUSAMMEN.

ICH HABE DIE MOMENTE VOR DEM GEWITTER IMMER GELIEBT.

Le Serein

D 11

L'ISLE SUR SEREIN

PROTECTION PARTICIPATION CITOYENNE

HE?!

?

HAHA!
HALLO!

WAS
MACHST DU
DENN HIER?

ICH ERLEDIGE GERADE
DIE EINKÄUFE FÜRS ABEND-
ESSEN! DIR BLEIBEN NOCH
SECHS KILOMETER. BEFIEHLT
DIR DEINE WANDERERETHIK,
ZU LAUFEN, ODER ...

MACHST
DU WITZE?

FRANCK MACHT UND VERLEGT COMICS, ER
LEBT UNTER DER WOCHE IN PARIS UND AM
WOCHENENDE, WENN MÖGLICH, IN DER
BOURGOGNE BEI DER FAMILIE.

EINE GELEGENHEIT FÜR MICH, NEUIGKEITEN AUS
UNSERER KLEINEN WELT ZU HÖREN.

UND DEM GEWITTER ZU
ENTKOMMEN.

MEIN KUMPEL IST HOCHERFREUT SONNTAG-
FRÜH AUFZUSTEHEN, UM MICH ZUM WANDER-
WEG ZU BRINGEN.

SAG MAL, ICH
DENKE DA AN
WAS ...

WIE SOLL MAN DEN SAPIENS, DIE IN DEN NÄCHSTEN JAHRHUNDERTEN HIER LEBEN WERDEN, MITTEILEN, DASS WIR IHNEN UNTER DEM DERZEITIGEN BOIS LEJUC EIN TEUFLISCHES GESCHENK HINTERLASSEN HABEN?

WIE IHNEN SIGNALISIEREN, DASS SIE AUFPASSEN ODER ZUMINDEST DIESE BRIEFBOMBE NICHT ÖFFNEN SOLLEN?

WAS HINTERLASSEN WIR IHNEN?

ABGESEHEN VON DER ETHISCHEN SCHANDTAT UND IHREN TECHNISCHEN UNGENAUIGKEITEN WIRFT DIE CIGÉO AUCH EINE FRAGE AUF, DIE IHREN INGENIEUREN KOPFZERBRECHEN BEREITET. IHRE GEHIRNE SIND NICHT DAZU AUSGEBILDET, DAZU PROGRAMMIERT, UM DIESE PROBLEME ZU LÖSEN.

ABER ZU SPÄT. WIR HABEN DIE ATOMARE MASCHINE ANGELASSEN. WIR BRAUCHEN EINE ANTWORT.

WELCHES ZEICHEN SOLLEN WIR IN DIE ZUKUNFT SCHICKEN?

IN WELCHER FORM?

AUF WELCHEM DATENTRÄGER?

WER IST IMSTANDE, ETWAS DERARTIGES ZU ENTWICKELN?

VALÉRIE BRUNETIÈRE IST SEMIOLOGIN, SIE UNTERRICHTET SPRACHWISSENSCHAFTEN AN DER UNIVERSITÉ PARIS-DESCARTES. IHRE ANGEWANDTEN FORSCHUNGEN BETREFFEN VERBALE UND NONVERBALE REDEANALYSEN IN ZUSAMMENHANG MIT PROBLEMEN WIE DEM KLIMAWANDEL UND DER ENERGIEPOLITIK.

ICH VERSUCHE ES.

ABER BITTE SO VERSTÄND-
LICH WIE MÖGLICH, AUCH FÜR
LEUTE, DIE NOCH NIE DAVON
GEHÖRT HABEN!

ICH SCHRIEB IHR.

ES STELLTE SICH
HERAUS, DASS WIR
PRAKTISCH NACHBARN
WAREN UND GEMEINSA-
ME FREUNDE HATTEN.

SIE LUD MICH IN IHR
HAUS MITTEN IN DEN
FELDERN EIN.

UND NACHDEM
SIE EINE FLASCHE
ANJOU ENTKORKT
HATTE, BAT ICH
SIE, UNS ZU ER-
KLÄREN, WAS
SEMIOLOGIE IST.

KLAR!

DIE SEMIOLOGIE
IST ZUNÄCHST EINE
MEDIZINISCHE WISSEN-
SCHAFT, DIE STUDIE DER
KÖRPERZEICHEN.

ES GEHT DARUM, ZU ERKENNEN, WAS DAS
SYMPTOM AUSMACHT, UND DARAUS EINE INTER-
PRETATION, EINE DIAGNOSE ZU STELLEN
EINSCHLIESSLICH DESSEN, WAS UNS
DER KRANKE SAGT.

ENDE DES
19. JAHRHUNDERTS
WURDE SIE VON FER-
DINAND DE SAUSSURE
IN EUROPA UND VON
CHARLES SANDERS
PEIRCE IN DEN USA
AUF DAS GESELL-
SCHAFTLICHE LEBEN
ÜBERTRAGEN.

IN DIESEM KON-
TEXT ETABLIERTE
SAUSSURE DAS STU-
DIUM DER SPRACHEN
ALS WISSENSCHAFT.

ER GLAUBTE, DASS DAS
STUDIUM DES SCHWEIGEGELÜB-
DES DER TRAPPISTENMÖNCHE,
DER NEUEN SEEZEICHEN, DER
MORSESPRACHE USW. EBEN-
FALLS KOMMUNIKATIONSMITTEL
WAREN, DIE DIE MENSCHEN ER-
FANDEN, WENN SIE NICHT
MITEINANDER SPRECHEN
KONNTEN.

PEIRCE
ERFORSCHTE
DIESES THEMA NICHT
NUR BEI DEN MEN-
SCHEN, AUCH BEI
DEN TIEREN, DEN
PFLANZEN ...

DIE ZEICHEN
DER PFLAN-
ZEN?

JA! DU HAST DOCH SICHER
VON DEN AKAZIEN GEHÖRT, DIE
GIFTIGE STOFFE ABSONDERN,
WENN SICH GIRAFFEN NÄHERN,
DAMIT IHRE BLÄTTER UNGE-
NIESSBAR WERDEN?

JA ... UND
DAFÜR INTERES-
SIERT SICH DIE
SEMIOLOGIE?

DIE SEMIO-
LOGIE INTERESSIERT
SICH FÜR ALLES!

DIE DAUER EINES BLICKS, DESSEN SINN SICH
ÄNDERT, JE NACHDEM, OB MAN FRANZOSE ODER
JAPANER IST. DIE NÄHE, DIE LEERE ZWISCHEN ZWEI
PERSONEN UND WAS SIE DAMIT MACHEN, IST AUCH
VOLLER ZEICHEN. DAS VERBINDET UNS ÜBRIGENS
MIT DER TIERWELT.

NEHMEN WIR EIN
KONKRETES ZEICHEN:
DIE GELBE AMPEL.

DIE AN
KREUZUNGEN?

GENAU. AUF DEN ERS-TEN BLICK BESTEHT DIE VERKEHRSAMPEL AUS DREI SIGNALEN.

IN WAHRHEIT SIND ES NUR ZWEI!

DAS ROT, DAS »NICHT GRÜN« IST.

DAS GRÜN, DAS »NICHT ROT« IST.

ALLES LIEFE PERFEKT OHNE DIE GELBE AMPEL.

DIE GELBE AMPEL IST EIN UNKLARES, EIN UNSICHERES ZEICHEN.

ES IST DER MOMENT DER MENSCHLICHEN ENT-SCHEIDUNG UND UN-SICHERHEIT.

FAHRE ICH WEITER? HALTE ICH AN?

IN WENIGEN ZEHNTELSEKUN-DEN ENTSCHEI-DEN SICH SEHR VIELE DINGE.

WÄREN WIR RO-BOTER, BRÄUCHTEN WIR KEINE GELBE AMPEL!

ABER WIR SIND MENSCHEN, WIR BRAUCHEN SIE!

DAS IST EIN FASZI-NIERENDES ZEICHEN!

DIE VERKEHRSZEICHEN SIND GENAU DAS: FORMEN, FARBEN, SCHILDER, SINN. EINE INFORMATIONSKODIERUNG, DAMIT DIE BOT-SCHAFT RICHTIG INTERPRETIERT WIRD.

DAS BRAUCHEN WIR IN BURE, WENN DAS CIGÉO-PROJEKT BEENDET WIRD.

APROPOS ...

VOR EINIGEN JAHREN HAST DU AM NEEDS-PROJEKT TEILGENOMMEN – NUKLEARES, ENERGIE, UMWELT, ABFALL, GESELLSCHAFT* –, DAS UNTER ANDEREM VOM C.N.R.S.** INITIIERT WURDE. KANNST DU MIR DAVON ERZÄHLEN?

* NUCLÉAIRES, ÉNERGIE, ENVIRONNEMENT, DÉCHETS, SOCIÉTÉ
** CENTRE NATIONAL DE LA RECHERCHE SCIENTIFIQUE

VON 2015 BIS 2016 SOLLTEN WIR ALS SEMIOLOGEN UND SOZIOLOGEN ZU DIESEM PROJEKT BEITRAGEN UND HERAUSFINDEN, WELCHE SOZIALEN HERAUSFORDERUNGEN DAS CIGÉO-PROGRAMM MIT SICH BRINGT.

ES GING DARUM – ICH ZITIERE –, »DAS WISSEN UM DIE FOLGEN FÜR DIE UMWELT BEZÜGLICH DER PRÄSENZ UND DER ABSTOSSUNG RADIOAKTIVER UND TOXISCHER SUBSTANZEN IN ZUSAMMENHANG MIT DEN AKTIVITÄTEN DES KERNBRENNSTOFFKREISLAUFES, DES EHEMALIGEN MINENSTANDORTS UND DER ABFALLLAGERUNG ZU VERBESSERN«.

WIE BIST DU DAMIT UMGEGANGEN, DASS DIE ANDRA DICH DARUM BAT, DEIN FACHWISSEN EINZUBRINGEN?

VON DEM MOMENT AN, WO UNSER LABOR DIE SUBVENTION ERHIELT, UM ZWEI JAHRE AN DEM THEMA ZU ARBEITEN, MIT DER GARANTIE, DASS WIR UNSERE ERGEBNISSE IN ALLER FREIHEIT VERÖFFENTLICHEN KONNTEN, HABEN WIR LOSGELEGT.

NA JA, DIE REZEPTION VON ERGEBNISSEN DER GEISTES- UND SOZIALWISSENSCHAFTEN IST IMMER ETWAS AMBIVALENT. FÜR EINIGE IST ES, ALS WÜRDEN WIR IHNEN PLÖTZLICH GANZ NEUE FRAGEN BEWUSST MACHEN, UND WIR WERDEN INTERESSANT ...

FÜR ANDERE IST ALLES, WAS WIR TUN, NUR GESCHWÄTZ VON LITERATEN, UND WIR WERDEN ENTWEDER ALS NAIVE TRÄUMER ODER ALS LEUTE ANGESEHEN, DIE SICH BEREITS AUF DIE GEGNERISCHE SEITE DER AKTIVISTEN GESTELLT HABEN!

UND ALS WIR UNSERE SCHLUSSFOLGERUNGEN VERÖFFENTLICHTEN, WURDEN SIE EHER GUT ANGENOMMEN, AUCH VON DEN INGENIEURSEXPERTEN.

UND? DIE SCHLUSSFOLGERUNGEN?

WIR HABEN MIT FOLGENDEM TITEL GEANTWORTET: »UNBEHAGEN BEI DER KERNKRAFT UND MÖGLICHE ZUKUNFTSSZENARIEN«.

GROB GESAGT HATTEN WIR FESTGESTELLT, DASS DIE KERNKRAFT EINERSEITS VON REGIERUNGSINSTANZEN UNTERSTÜTZT WIRD UND ES ANDERERSEITS IN DER BEVÖLKERUNG, DIE DIREKT VON DEN EINRICHTUNGEN BETROFFEN IST, UND AUCH IN DER BREITEN ÖFFENTLICHKEIT EIN UNBEHAGEN UND EIN UNVERSTÄNDNIS BEZÜGLICH DER KERNKRAFT GIBT.

WIR HABEN GEMERKT, DASS EINE ÖFFENTLICHE ABSTIMMUNG ÜBER DIE KERNFRAGE VON DEN REGIERUNGSINSTANZEN NICHT ERWÜNSCHT WAR.

UND DU PERSÖNLICH?

ICH HABE MIT KERNKRAFT-EXPERTEN GEREDET, DIE AN DEM PROJEKT ZWEIFELTEN UND NICHT SICHER WAREN, OB MAN ÜBERHAUPT EINE LÖSUNG ODER ALTERNATIVLÖSUNG FIN-DEN KÖNNTE ...

WIR, DIE SEMIOLOGEN UND SOZIOLOGEN, HABEN DEN SINN DER KERNKRAFT FÜR DIE VERSCHIEDENEN AKTEURE UNTERSUCHT: DIE POLITIKER, DIE AKTIVISTEN USW., AUCH IN FIKTIVEN WERKEN ÜBER KERNKRAFT. WIR WOLLTEN DIESES UNBEHAGEN VERSTEHEN, DAS MITUNTER VON PROTEST ODER EINEM STARKEN HANG ZUR ALTEN ZEIT GETRAGEN WIRD. WIR VERSUCHEN, EINE MÖGLICHE ZUKUNFT ZU VERSTEHEN.

ETWA WIE DER ARZT, DER SAGT: »ICH WEISS NICHT«, ODER: »ICH BIN NICHT SICHER, OB ICH SIE HEILEN KANN.«

AUF MENSCHLICHER EBENE IST DAS ER-STAUNLICH UND SEHR INTERESSANT.

ABER, ÄHM...

VON DA AN ...

... HATTE ICH NOCH MEHR BAMMEL.

DEIN BEISPIEL MIT DER GELBEN AMPEL IST SEHR ANSCHAULICH FÜR DAS, WAS IN BURE PASSIERT. BEVOR WIR AUTO FAHREN, LERNEN WIR DIE VERKEHRSREGELN, UM ZUGANG ZU DIESEN INFORMATIONEN ZU BEKOMMEN.

DIE LEUTE DER ANDRA SUCHEN NACH EINEM WEG, EINE BOTSCHAFT AN JENE ZU ÜBERMITTELN, DIE IN 100.000 JAHREN LEBEN WERDEN. SIE WERDEN NICHT DIESEL-BEN VERKEHRSREGELN HABEN WIE WIR!

WIE KANN MAN SO WAS ERSINNEN?

DAS IST SEHR KOMPLIZIERT! EINE SPRACHE VERÄNDERT SICH SO SEHR IN WENIGEN HUNDERT JAHREN, DASS ZWEI PERSONEN, DIE IN EINEM AB-STAND VON 500 JAHREN MITEINANDER KOMMUNI-ZIEREN, SICH MIT GRÖSSTER WAHRSCHEIN-LICHKEIT NICHT VERSTEHEN WÜRDEN!

WIE IST ES DANN ERST NACH 100.000 JAHREN?!

ES IST VÖLLIG SINNLOS, ZU DIESEN LEUTEN AUF FRANZÖSISCH ODER ENGLISCH ZU REDEN. WIR MÜSSEN DAHER DEN VERFALL DER SPRACHE EINKALKULIEREN. UND DA KOMMT DAS ZEICHEN INS SPIEL.

UND SOMIT DIE ZEICHNUNG!

JA. WIR MÜSSEN AUF UNSERER AKTUELLEN EBENE SUCHEN, WAS SIE UND WIR MITEINANDER GEMEIN HABEN ...

WORAN DENKST DU?

WIR KÖNNEN ZUM BEISPIEL ANNEHMEN, DASS UNSERE KÖRPER NICHT GRUNDSÄTZLICH VERSCHIEDEN SEIN WERDEN.

DAS IST VIELLEICHT SOGAR EINES DER WENIGEN DINGE, DIE WIR NOCH MITEINANDER GEMEIN HABEN WERDEN.

WIR KÖNNTEN ALSO DAMIT BEGINNEN: EINE DARSTELLUNG DES MENSCHLICHEN KÖRPERS.

DAS GENÜGT NATÜRLICH NICHT, ABER ES IST VIELLEICHT DER SICHERSTE WEG.

PARDON, ABER WENN MAN AUF DIESER BASIS EINE ZEICHNUNG MACHT, ERHÄLT MAN SCHNELL EIN HINWEISSCHILD FÜR DAMEN- UND HERRENTOILETTEN!

HAHA! JA!

DU LACHST, ABER DIESES SCHILD IST SEHR INTERESSANT FÜR DIE SEMIOLOGIE!

UM DIE WEIBLICHE PERSON VON DER MÄNNLICHEN ZU UNTERSCHEIDEN, VERPASST MAN IHR EINEN ROCK.

WIR SIND SO DARAN GEWÖHNT, WIR DENKEN NICHT MEHR DRÜBER NACH.

ABER ICH HABE MICH MIT DIESER FRAGE BESCHÄFTIGT.

UND?

UND ES ZEIGT SICH, DASS DIE TEXTILINDUSTRIE SEIT 1965 MEHR HOSEN FÜR FRAUEN HERSTELLT ALS RÖCKE. AUSSERDEM FÜHRE ICH REGELMÄSSIG BEFRAGUNGEN UNTER STUDENTINNEN DURCH, DIE MEINE KURSE BESUCHEN.

IM ALLTAG TRAGEN SIE ZU 90 % HOSEN!

DAS SIND TATSACHEN!

ABGESEHEN DAVON, WAS ES ÜBER DIE KONTROLLE SUGGERIERT, DIE AUF DEN WEIBLICHEN KÖRPER AUSGEÜBT WIRD, EINE ANDERE INTERESSANTE SACHLAGE ÜBRIGENS, IST DIESES SCHILD SEIT LANGEM OBSOLET!

1965, DAS IST MEIN GEBURTSJAHR!

MEINS AUCH.

TROTZDEM IRREN WIR UNS NICHT IN DER TÜR, WENN WIR ZUR TOILETTE GEHEN.

HAHAHA!

DAS IST EINE KONDITIONIERUNG ÜBER ZEICHEN.

UND GANZ NEBENBEI IST ES AUCH EIN ORT, AN DEM WIR UNSEREN ABFALL DEPONIEREN.

HAHA, JA!

DIE SEMIOLOGIE INTERESSIERT SICH ALSO FÜR DEN KÖRPER, DEN RAUM, DIE BILDER. EINE VISUELLE SPRACHE ZU FINDEN, DIE SO VIELE MENSCHLICHE GENERATIONEN ÜBERLEBT, IST EIN SCHWIERIGES PROBLEM, DAS NICHT NUR DIE WISSENSCHAFTLER BETRIFFT.

WEISST DU, DIE ANDRA, DAS SIND LEUTE VON DER TECHNISCHEN HOCHSCHULE, DER BERGAKADEMIE, INGENIEURE UND ECHTE KOPFMENSCHEN, ABER ES MANGELT IHNEN OFT AN FANTASIE.

DAS KLINGT ALLES SEHR KLISCHEEHAFT, ABER LEIDER IST ES WAHR. DAS SIND OFT LEUTE, DIE ZUM BEISPIEL KAUM ROMANE LESEN.

MÜSSEN KÜNSTLER MIT DER ANDRA UND DER CIGÉO ZUSAMMENARBEITEN? DAS IST DIE FRAGE, DIE SICH STELLT.

ANTWORTET MAN MIT JA, AKZEPTIERT MAN EINE ART KOMPROMISS MIT DEM ATOMAREN MONSTER.

ANDERERSEITS SIND DIE ABFÄLLE DA. DIE HEUTIGEN SAPIENS MÜSSEN SCHLIESSLICH IRGENDWAS DAMIT MACHEN.

INDEM SIE SICH AN SEMIOLOGEN WENDEN, BEGEBEN SIE SICH AUF FREMDES TERRAIN. SIE MÜSSEN SICH DER VORSTELLUNGSWELT ÖFFNEN UND ENTDECKEN DIE ÄNGSTE DER WELT IN BILDERN UND SCHRIFTEN. KÜNSTLER UM HILFE BITTEN ZU MÜSSEN IST FÜR SOLCHE LEUTE SEHR MERKWÜRDIG!

UND MAN KANN SAGEN, DASS, INDEM WIR BILDER FÜR DIE CIGÉO ERARBEITEN, WIR ZUR ÜBERWACHUNG DES PROBLEMS ZUM WOHLERGEHEN DER MENSCHHEIT ALLGEMEIN BEITRAGEN.

WAS ALSO TUN?

GUTE FRAGE.

DAS IST DIE PROMETHEISCHE DIMENSION VON CIGÉO.

DER MENSCH GLAUBTE, ER KÖNNE DIESES FEUER BEHERRSCHEN.

ES WAR EIN IRRTUM.

UND JETZT MÜSSEN WIR DAMIT KLARKOMMEN.

UND FÜR DIE ZUSAMMENARBEIT MIT DER ANDRA GIBT ES NOCH EINEN PRAKTISCHEREN GRUND: DIE ANDRA VERFÜGT ÜBER VIEL GELD.

WIR BEZAHLEN ALSO LEUTE, UM DARAN ZU ARBEITEN.

MIT DIESEM GELD IST ES EINFACH, KÜNSTLER UND JUNGE GRAFIKER ANZULOCKEN.

WAS MAG AUS ALLDEM WERDEN?

SCHWER ZU SAGEN. DAS IST ÜBRIGENS EIN ANDERES PROBLEM, DAS WIR VON BEGINN AN AUSMACHTEN: ALLES UNTERLIEGT DER ABSOLUTEN GEHEIMHALTUNG.

WO ES DOCH EINE FRAGE DER ÖFFENTLICHKEIT SEIN SOLLTE!

KERNKRAFT UND DEMOKRATIE SIND WIE ZWEI MAGNETE, DIE SICH VONEINANDER ABSTOSSEN.

WAS SAGT DAS ALLES ÜBER UNS SAPIENS?

WAS DAS ANGEHT, IST MAN VERSUCHT FREUD ANZUFÜHREN. IST DAS VERGRABEN NICHT EINE ART DES VERDRÄNGENS?

UND SEIT SIGMUND WISSEN WIR MIT SICHERHEIT, DASS DAS VERDRÄNGTE IMMER WIEDER HOCHKOMMT.

SIE HATTEN SOGAR ERWOGEN, EINIGE ABFÄLLE IM ORBIT ZU DEPONIEREN. DAS HABEN SIE AUFGEGEBEN, WEIL ES AUF UNS ZURÜCKFALLEN KÖNNTE. IN GEWISSER WEISE IST BURE ALSO DAS UNTERBEWUSSTSEIN DES PLANETEN.

WAS HÄTTEN DIEJENIGEN DARÜBER GEDACHT, DIE UNS VOR 20.000 JAHREN ZEICHEN AUF DEN WÄNDEN VON PECH MERLE HINTERLASSEN HABEN?

NATÜRLICH HÄTTEN WIR IHNEN ERST DIE VON VALÉRIE ERWÄHNTE GESCHICHTE VON PROMETHEUS ERZÄHLEN MÜSSEN, JENE GRIECHISCHE SAGE AUS DEM 7. JAHRHUNDERT VOR JESUS CHRISTUS.

(AUS IHRER SICHT IST DAS NOCH FERNE ZUKUNFT.)

WIR ERINNERN UNS: DER ANMASSENDE PROMETHEUS HAT DAS HEILIGE FEUER DES OLYMPS GESTOHLEN, UM DEN MENSCHEN DESSEN KRAFT ZU SCHENKEN. DER ERZÜRNTE GOTT ZEUS VERSTEHT BEI SOLCHEN DINGEN KEINEN SPASS UND LÄSST IHN ZUR STRAFE LEBENDIG AN EINEN FELSEN FESSELN, WO IHM EIN HUNGRIGER ADLER JEDEN TAG IN ALLER RUHE DIE LEBER AUFFRISST.

WENN MAN EINE SOLCHE DUMMHEIT MACHT, HAT MAN ZEIT SIE ZU BEREUEN.

SICH ÜBER 100.000 JAHRE DIE LEBER FRESSEN LASSEN, NA DANKE!

DA WIR GERADE ÜBER RÄUBEREI REDEN, WOLLEN WIR DEN BEWOHNERN VON VAUGIMOIS IM DÉPARTEMENT CÔTE D'OR MITTEILEN, DASS VOR IHRER NASE EIN DIEBSTAHL BEGANGEN WURDE.

DIE BEUTE IST BESCHEIDEN.

DREI LITER FRISCHES WASSER.

AUCH WENN SIE IHREN MITMENSCHEN NICHT DEN TOD WÜNSCHEN, FREUEN SICH WANDERER UND RADFAHRER DARÜBER, DASS JEDES DORF SEINEN EIGENEN FRIEDHOF HAT.

DAS IST PRAKTISCH DAS VERSPRECHEN EINER WASSERSTELLE.

ICH FOLGE DEN SPUREN DES GEWITTERS DER NACHT.

MEINE ESSENSVORRÄTE SIND VERBRAUCHT. WIR HABEN SONNTAGABEND.

ICH BIN LANGE GELAUFEN.

IN CHÂTILLON-SUR-SEINE BIETET NUR EIN KLEINES HOTEL SEINE TERRASSE AN, WO SICH DIE WENIGEN REISENDEN IN DER GEGEND VERSAMMELN.

BURE? ACH JA, KENNE ICH, MEIN NEFFE ARBEITET IN DER ATOMINDUSTRIE. TOLL, WAS?

EBEN DRUM, ICH ...

UND WINDKRAFTRÄDER SIND SO HÄSSLICH! DIE KANN MAN DOCH NICHT ÜBERALL AUFSTELLEN!

NA JA, ICH DENKE, DASS ...

UND WOHER KOMMEN SIE?

AUS DEM LOT! HABEN SIE DAS GEAHNT?

HUT AB! ICH KOMME AUCH AUS DEM LOT!

ABER MIT DEM AUTO, HA!

HUT AB!

ÄHM, DANKE.

MIT DER NASE IN MEINEM TELLER HÖRE ICH, WIE DER WIRT ALL DAS JEDEM EINZELNEN GAST ERZÄHLT. OFFENBAR HAT ER BE-SCHLOSSEN, DASS ICH DIE ATTRAKTION DES ABENDS BIN. ICH GEHE SCHLEU-NIGST SCHLAFEN.

ES IST NUR EIN BESCHEIDE-
NES BAHNGLEIS, DAS EIN EIN-
SAMES PLATEAU UNTER DIE-
SIGEM HIMMEL DURCHQUERT.

ICH BIN GANZ ALLEIN.
ALLES IST REGLOS. ES
GIBT NICHTS BEMER-
KENSWERTES.

UND DOCH
LÄSST MICH
ETWAS INNE-
HALTEN.

DIE WEITE,
VIELLEICHT.

DAS
IST ES.

DIESES GEFÜHL
DER WEITE.

EIN SCHWINDEL
VON GRAS UND
VON STILLE.

EIN HAUCH, DER
MICH BERAUSCHT.

DIE GIPFEL DES CANTAL SIND WEIT WEG.

ES IST NICHT MAL DAS PLATEAU DU LIMON.

ES IST DER BODEN DES PLANETEN ERDE. UND DER IST ES, WORAUF WIR LEBEN.

ICH VERLASSE DEN ORT MIT DER ÜBER-ZEUGUNG, DASS ER BLEIBEN WIRD.

WIE DER FLUSS MIT DEN APRIKOSEN.

WIE DAS HIMMELSGE-WÖLBE DES MORVAN.

MEINE REISE IST EINE KLEI-NE REISE.

WENN ES EIN ABENTEUER IST, SICH EINEN RUCKSACK ZU SCHNAPPEN UND DRAUFLOSZUZIEHEN, IST ES EIN ZUGÄNGLICHES UND SEHR DEMOKRATISCHES ABENTEUER. WIR BRAUCHEN NICHT UNBEDINGT SIBIRISCHE STEPPEN, WIR KÖNNEN AUCH OHNE FERNE GEFILDE VIBRIEREN. DIE KOMPLIMENTE MEINES TERRASSENNACHBARN WAREN UNPASSEND. LAUFEN WIR.

WIR

SIND

DAFÜR

GEMACHT.

ICH VER-
LAUFE MICH
ETWAS ZWI-
SCHEN FELD
UND WALD.

HINWEIS AN
DIE ÖRTLICHEN
EHRENAMTLI-
CHEN DES
FRANZÖSI-
SCHEN WANDER-
VERBANDS:

DIE HOLZSTUFEN, DIE SIE
AUF DEM G.R. 2 ANGELEGT
HABEN, UM AUF DIE LAND-
STRASSE 102 RUNTER-
ZUGEHEN, MÜSSEN AUS-
GEWECHSELT WERDEN.

VERZEIHUNG?

IST HIER JEMAND?

JA?

HALLO,
DÜRFTE
ICH ETWAS
WASSER
HABEN?

NATÜRLICH! HABEN SIE HUNGER?

ICH HABE ALLES NÖTIGE DABEI, DANKE.

WIR HABEN GERADE GEGESSEN, ES SIND NOCH MELONE UND NUDELN ÜBRIG. KOMMEN SIE!

WIR SITZEN EINE GANZE WEILE AM TISCH. ICH ERZÄHLE VON MEINER WANDERUNG. SIE ZEIGEN MIR IHREN GARTEN, IHR HAUS UND IHRE WERK- STATT, IN DER ELEGANTE HOLZ- UND EISEN- MÖBEL ENTSTEHEN. ES WIRD NACHMITTAG. SIE BIETEN MIR EIN BETT FÜR DIE NACHT AN.

ABER DER WEG RUFT MICH.

WENN ES HEUTE NOCH PASSIEREN KANN, DASS SAPIENS EINEN VORBEIZIEHENDEN UNBEKANN- TEN UND ÜBEL RIECHENDEN ARTGENOSSEN OHNE ZU ZÖGERN AN IHREN TISCH BITTEN, IST VIELLEICHT NOCH NICHT ALLES VERLOREN.

ICH HABE IHNEN EIN EXEMPLAR MEINES BUCHES VERSPROCHEN. SIE WISSEN NOCH NICHT, DASS SIE DARIN VORKOMMEN.

DER G.R. 703, AUCH »JEANNE-D'ARC-WEG« GE- NANNT, AUF DEM ICH JETZT LAUFE, WIRD MICH IN DIE NÄHE VON BURE BRINGEN.

»WOHIN GEHEN SIE DENN?«, FRAGT MICH EIN TYP, DER VOR SEINEM HAUS AUS DEM AUTO STEIGT. ICH ERZÄHLE. UND ICH SAGE IHM, DASS ICH BEABSICHTIGE, IN DEM GROSSEN WALD, DEN ICH ZU DURCHQUEREN PLANE, ZU LAGERN. ALS VIZEBÜRGERMEISTER KENNT ER SICH GUT AUS. DIE VEGETATION DORT IST DICHT, SAGT ER MIR, ES GIBT WENIGE LICHTUNGEN. ER RÄT MIR, MEIN ZELT EHER AM WALDRAND AUFZUSCHLAGEN UND DIE DURCHQUERUNG AM NÄCHSTEN TAG NACH EINER GUTEN NACHT AUF DEM ÖRTLICHEN RASEN ANZUTRETEN. ER HAT KEINE ZEIT MIR EIN GLAS ANZUBIETEN, BEDAUERT ER. ER BEENDET DAS GESPRÄCH MIT DEN WORTEN:

»ES IST MIR EINE EHRE, DASS SIE BEI UNS VORBEIKOMMEN. ICH DANKE IHNEN IM NAMEN DES DORFES.«

GERNE.

9. JULI

DAS REH BRÜLLT, BELLT, SCHRECKT ODER RÖHRT, SAGT MIR WIKIPEDIA. TREFFEN SIE IHRE WAHL.

WIE AUCH IMMER, HIER TUT ES DAS OFT UND LAUT.

DIE GANZE NACHT SCHIEN ES MIR, ALS WÜRDE ES VOR MEINEM ZELT BRÜLLEN, BELLEN, SCHRECKEN UND RÖHREN.

DANN WAR NOCH DIESE DUMME TUBE HONIG IN MEINEM RUCKSACK AUSGELAUFEN.

UND ZU BEGINN DES TAGES SIEBZEHN KILOMETER WALD AUF EINER QUASI GERADEN STRECKE.

VOILÀ: EIN SCHLECHT GELAUNTER TYP.

NUN GUT, SEHEN WIR DIE SACHE POSITIV.

NUTZEN WIR DIESE DURCHQUERUNG, UM DA-RÜBER ZU SPRECHEN, WAS UNS TRÄGT UND WAS IN GEWISSER WEISE HIERHERKOMMT.

BETRACHTEN WIR EINEN MOMENT DIESEN BANA-LEN UND ZART WIRKENDEN STOFF, DEN WIR TÄG-LICH ANFASSEN, OHNE DARÜBER NACHZUDENKEN.

DIESEN STOFF, DEN SIE GERADE IN HÄNDEN HALTEN, UM DIESE GESCHICHTE ZU LESEN.

DEN STOFF, AUF DEM ICH JEDE SEITE DIESES BUCHES GEZEICHNET HABE.

DAS PAPIER.

AN EINEM SCHÖNEN HERBSTTAG AUF EINER PARISER TERRASSE, GLEICH AM LOUVRE, WO SIE ARBEITET, HABE ICH ARIANE DE LA CHAPELLE GETROFFEN.

SIE IST LEITERIN FÜR ANGEWANDTE FORSCHUNG DER ABTEILUNG FÜR GRAFISCHE KUNST.

SIE INTERESSIERT SICH FÜR DIE KONSERVIERUNG UND RESTAURIERUNG VON GRAFISCHEN WERKEN.

ICH STELLTE IHR EINE EINFACHE FRAGE:

WOHER KOMMT DIE IDEE DES PAPIERS?

AUS CHINA.

DAS MODERNE PAPIER IST EINE ENTFERNTE VARIANTE DAVON, WAS DORT UM DAS 2. JAHRHUNDERT VOR JESUS CHRISTUS AUFKAM.

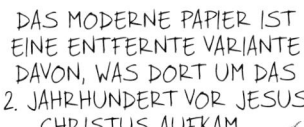

ES REISTE ÜBER KOREA, WO ES IM 4. JAHRHUNDERT ANKAM UND WO ES ERHEBLICH VERBESSERT WURDE. DANN GELANGTE ES NACH JAPAN.

KOREA SPIELT EINE WICHTIGE ROLLE IN DER GESCHICHTE DES PAPIERS AUS DEM FERNEN OSTEN.

DANN, IM 8. JAHRHUNDERT, KÄMPFTEN DIE CHINESEN IN DER SCHLACHT VON TALAS GEGEN EIN MUSLIMISCHES KALIFAT. UNTER DEN CHINESISCHEN GEFANGENEN BEFANDEN SICH PAPIERMACHER.

SIE WAREN DAMALS DAS, WAS WIR HEUTE HIGHTECH-INGENIEURE NENNEN WÜRDEN.

ALS DIE MUSLIME IHR WISSEN IN DEN OKZIDENT EXPORTIERTEN, BRACHTEN SIE AUCH DAS PAPIER ZU UNS.

DIES IST NUN SICHER DER ZEITPUNKT, UM PAPIER ZU DEFINIEREN.

DAS PAPIER IST EINE GESCHMEIDIGE SCHREIBUNTERLAGE AUS EINEM AUFGELÖSTEN PFLANZLICHEN STOFF.

DIE FASERN DER PFLANZE WERDEN GEKNICKT, GETRENNT UND IM WASSER VERTEILT. DANN WIRD ALLES DURCH EINE FORM ODER EIN SIEB GESCHÜTTET UND GEPRESST.

DABEI ENTSTEHEN NEUE, SOLIDE FASERFORMEN VON SEHR GERINGER DICKE.

DAS IST DAS PAPIER!

MAN HAT ES MIT DEMSELBEN PRINZIP OFT AUCH AUS ALTER KLEIDUNG HERGESTELLT.

DAS PAPIER IST AUCH EIN LOB AUF DAS RECYCLING!

IST DENN UNSER HEUTIGES PAPIER ETWAS ANDERES?

OH JA!

DER FRANZOSE NICOLAS ROBERT ERFINDET IM 18. JAHRHUNDERT DIE ERSTE PAPIERMASCHINE. ANFANG DES NÄCHSTEN JAHRHUNDERTS BEGINNT DANN DIE HERRSCHAFT DIESER MASCHINE AN SICH. ES IST EINE DOPPELTE REVOLUTION.

ZUNÄCHST VERZICHTET MAN AUF DIE FORM, WO DAS BLATT EINZIG DIE DIMENSIONEN DES SCHÖPFSIEBS HATTE, UND FABRIZIERT FORTLAUFEND.

UND VOR ALLEM BENUTZT MAN NUN HOLZFASER MITHILFE MECHANISCHER UND CHEMISCHER PROZESSE.

DAS PAPIER IST VON MINDERER QUALITÄT, LÄSST SICH ABER IN GROSSEN MENGEN HERSTELLEN.

TOLL ...

DAS SCHLECHTE PAPIER IST VERGANGENHEIT. SEIT DEN 50ER-JAHREN HAT ES SICH WIRKLICH VERBESSERT!

UND SEINE LANGLEBIGKEIT?

WISSEN SIE, BIS ZUM 18. JAHRHUNDERT WURDEN ZEICHNUNGEN ALS ARBEITSUTENSIL BETRACHTET. NIEMAND WAR AN IHRER KONSERVIERUNG INTERESSIERT.

DANN KAMEN DIE SAMMLER, DIE DIESE ZEICHNUNGEN IN MAPPEN UND ALBEN AUFBEWAHRTEN.

ALSO VOR DEM LICHT GESCHÜTZT.

GENAU.

UND DER OXYDATION.

LUFT, FEUCHTIGKEIT UND LICHT VERÄNDERN DAS PAPIER.

IM LOUVRE BEWAHREN WIR DIE ZEICHNUNGEN BEI STABILER LUFTFEUCHTIGKEIT UND IM DUNKELN AUF.

MAN KANN ALSO SAGEN, DASS DAS BUCH SELBST, WIE DAS ALBUM, DAS SIE ERWÄHNTEN, SEINEN INHALT SCHÜTZT?

OH JA!

ABER DER MODERNE ZELLSTOFF ENTHÄLT OFT DIE KEIME IHRER SELBSTZERSTÖRUNG. DAS SEHEN WIR, WENN WIR EIN ALTES TASCHENBUCH ÖFFNEN, DESSEN PAPIER OFT VERGILBT UND SPRÖDE GEWORDEN IST.

DESHALB IST EIN PAPIER AUS DEM 15. JAHRHUNDERT PARADOXERWEISE OFT HALTBARER ALS EIN PAPIER VOM ANFANG DES 20. JAHRHUNDERTS. ABER ALLES HÄNGT VON DEN LAGERUNGSBEDINGUNGEN AB.

WAS ALSO WÄRE DIE LÖSUNG?

FÜR MICH HAT DAS FORMPAPIER, SELBST WENN DAS KNOW-HOW VERLOREN GEHT, DAS GESCHMEIDIGSTE UND HALTBARSTE SUBSTRAT, UM DAS MENSCHLICHE WISSEN ÜBER VIELE JAHRHUNDERTE ZU BEFÖRDERN.

DAS IST EINE WETTE MIT DER ZUKUNFT.

DAS IST KEINE WETTE!

DAS IST EINE BEOBACHTUNG!

SEHEN SIE SICH DIE IN UNSEREN MUSEEN KONSERVIERTEN ZEICHNUNGEN AN! SIE SIND VON UNGLAUBLICHER FRISCHE!

EINS IST JEDENFALLS SICHER:

UNSERE GESAMTE INTELLEKTUELLE SCHÖPFUNG DER SO KOMPLIZIERTEN UND ANFÄLLIGEN DIGITALTECHNIK ANZUVERTRAUEN HEISST, EINE ZIVILISATION OHNE GEDÄCHTNIS ZU SCHAFFEN.

DANKE, ARIANE.

BIS WOHIN ALSO REICHT DAS PAPIER?

DIE FRAGE DER PHYSISCHEN MATERIALITÄT DES BUCHES IST FÜR VIELE LESER SICHER SEKUNDÄR. ABER FÜR JENE WIE MICH, DIE IHM EINEN GROSSTEIL IHRER EXISTENZ WIDMEN, IST DAS EINE SPANNENDE FRAGE.

EIGENTLICH INTERESSIERT MICH WENIGER DIE LEBENSDAUER MEINER WERKE ALS DIE SUBJEKTIVE QUALITÄT EINES BUCHES. WIE ES SICH IN DER HAND ANFÜHLT, JA, DIE WÄRME, DIE DAS OBJEKT ABGIBT, WENN MAN ES ANFASST.

ABER IM RAHMEN DIESER REISE NACH BURE UND IN EINE FERNE ZUKUNFT, DIE DIE CIGÉO UNS ZU BERÜCKSICHTIGEN ZWINGT, IST DIE FRAGE NACH DER LEBENSDAUER DIESES OBJEKTES DURCHAUS VON INTERESSE.

WAS ICH MICH FRAGE, FRANCE:

WIE WERDEN SEINE UNTERSCHIEDLICHEN KOMPONENTEN DEM ZAHN DER ZEIT WIDERSTEHEN?

ACH, WEISST DU, DIE MONTUR UND VERSCHLEISSFESTIGKEIT EINES BUCHES SIND FRAGEN, MIT DENEN WIR UNS TÄGLICH LEIDENSCHAFTLICH AUSEINANDERSETZEN!

FRANCE MOLINE IST PRODUKTIONSLEITERIN FÜR DEN FRANZÖSISCHEN VERLAG, DER »DAS RECHT DER ERDE« VERÖFFENTLICHT. IN PARIS UND BRÜSSEL KÜMMERT SIE SICH MIT IHREM TEAM UNTER ANDEREM UM DIE WAHL DER PAPIERHERSTELLER, DER DRUCKEREIEN UND BUCHBINDER.

WIE LANGE WIRD DIESES BUCH ALS FABRIZIERTES OBJEKT HALTEN, BEVOR ES VERSCHWINDET?

DAS PAPIER SPIELT NATÜRLICH EINE WICHTIGE ROLLE ...

... ABER ES GIBT AUCH ANDERE FAKTOREN, WIE DEN FADEN, DEN KLEBSTOFF, DIE QUALITÄT DES EINHÄNGENS UND ABPRESSENS.

WIE ALTERT DAS ALLES?

AUF LANGE SICHT ALTERN ALLE PAPIERE AUF ZWEI ARTEN: VERRINGERUNG DER VERSCHLEISSFESTIGKEIT UND VERGILBEN.

DIE GEDRUCKTE UNTERLAGE WIRKT ALSO IRGENDWANN ETWAS VERWELKT ...

... ABER DAS HAT AUCH SEINEN CHARME!

DEINE BÜCHER WERDEN AUF PAPIER AUS FESTER UND REINER, SEHR VERSCHLEISSFESTER FASER GEDRUCKT. ICH KANN DIR VERSICHERN, DASS DIESES PAPIER ÜBER LANGE ZEIT CHEMISCH UND PHYSISCH STABIL BLEIBT.

OKAY ... UND DIE TINTE?

DAS IST SEHR TECHNISCH.

DAS ALTERN DER TINTE HÄNGT VON VIELEN FAKTOREN AB, DIE VON DER DICKE DER TINTENSCHICHT ÜBER IHRE PIGMENTIERUNG BIS ZU IHREM VERFALL DURCH ABRIEB ODER LICHTEINWIRKUNG REICHEN.

UND DER REST?

ZUM BEISPIEL DIE BINDUNG? WEISST DU, WIE LANGE DIE SEITEN VERBUNDEN BLEIBEN?

DIE SEITEN WERDEN ALS BOGEN GEDRUCKT. DANN WERDEN SIE INEINANDERGELEGT UND GENÄHT. ES GIBT ALSO EINEN FADEN, DER DIE BÖGEN MITEINANDER VERBINDET.

DAS IST DER INNERE BLOCK MIT DEN DECKBLÄTTERN. DANN KOMMT DAS EINHÄNGEN IN DIE HARDCOVERDECKE UND ANSCHLIESSEND EIN LETZTES ABPRESSEN.

DEIN BUCH KOMMT IN DEN GENUSS EINER BINDUNG DER SPITZENKLASSE, DIE AUF HALTBARKEIT UND VERSCHLEISSFESTIGKEIT AUSGELEGT IST.

NA GUT, ABER AUF WELCHE DAUER? MACHEN SIE TESTS, WAS DAS BETRIFFT?

MMH... INDIREKT ...

ES GIBT EINE EUROPÄISCHE NORM FÜR SPIELZEUG, DIE AUCH FÜR KINDERBÜCHER GILT, UM IHRE NUTZUNGSSICHERHEIT ZU GARANTIEREN. DABEI WERDEN ZUG- UND TORSIONSTESTS DURCHGEFÜHRT, UM ZU PRÜFEN, DASS NICHTS ABREISST.

ALLERDINGS SIND DEINE BÜCHER NATÜRLICH NICHT FÜR KINDER GEDACHT.

ABER WAS DIE HALTBARKEIT ANGEHT, STEHEN SIE IHNEN IN NICHTS NACH.

HAHA! SCHÖN ZU HÖREN!

WIE KÖNNTE MAN ALLGEMEIN GESEHEN DIE IDEALEN KONSERVATIONSBEDINGUNGEN FÜR EIN BUCH DEFINIEREN, DAS IM 21. JAHRHUNDERT HERGESTELLT WURDE?

EINE STABILE LUFTFEUCHTIGKEIT, VOR LICHT GESCHÜTZT, DAS IST NATÜRLICH DIE BASIS.

ABER DIE ERSTE LEKTÜRE WIRD IHM AUCH GUTTUN, UM ES ETWAS ZU LÜFTEN.

JA! LESEN SOLLTEN WIR SIE!

ABER NUN JA ... DAS PROBLEM DER 100.000 JAHRE BLEIBT!

OH JA ... FÜR EINE SOLCHE DAUER HABEN WIR KEINERLEI GARANTIE!

UND ZWAR IN KEINEM BEREICH DER MENSCHLICHEN AKTIVITÄT, EBEN DAS MACHT UNS HIER JA SORGEN.

ALLERDINGS! SELBST IM 21. JAHRHUNDERT IST NICHT ALLES MÖGLICH, WEIT GEFEHLT.

ABER WAS DAS BUCH ANGEHT, MACHEN WIR SCHNELL FORTSCHRITTE!

UND ZUM GLÜCK WERDEN DIESE FRAGEN HEUTE NICHT MEHR BEHANDELT, OHNE DIE ÖKOLOGISCHE DIMENSION ZU BERÜCKSICHTIGEN. EINIGE WERKE VON GUTENBERG AUS DEM 15. JAHRHUNDERT SIND NOCH HEUTE DA, ZUR SICHERHEIT WURDEN SIE VIELFACH KOPIERT, UM IHREN INHALT ZU BEWAHREN.

UND GENAU DAS IST WICHTIG:

DAS IST DIE GROSSE TUGEND DES BUCHES: ES LIEGT IN SEINEM WESEN, STÄNDIG VERVIELFÄLTIGT ZU WERDEN. SO BLEIBT SEIN INHALT BESTEHEN. UND SO KANN ES BEACHTLICHE ZEITRÄUME ÜBERDAUERN.

IN SEINEM URSPRUNGSZUSTAND WIRD DEIN BUCH BEREITS MEHRERE HUNDERT JAHRE HALTEN!

NA, IMMERHIN!

FÜR MICH IST DAS BUCH EINE DER SCHÖNSTEN ERFINDUNGEN DES MENSCHEN.

ABER GUT, ES WAR ZU ERWARTEN, DASS ES EBENFALLS MÜHE HAT, DEN IRREN HALBWERTZEITEN DES ATOMMÜLLS ZU TROTZEN.

DENNOCH STELLE ICH IHNEN DIE FRAGE:

WAS WIRD AUS DEM BUCH,
DAS SIE GERADE IN DIESEM
MOMENT LESEN, WENN SIE
ES ZUGEKLAPPT HABEN?

WOHIN WIRD ES WANDERN?

ZU SEINEN ARTGENOSSEN IN IHR REGAL? FÜR
WIE LANGE? WERDEN SIE ES EINEM FREUND
LEIHEN? IHM SCHENKEN? UND DANN? WIRD ES AUF
DEM DACHBODEN ENDEN? UND DANACH? SICHER
IRGENDWANN IN EINER MÜLLTONNE, WO SONST?

UND EINES TAGES WIRD DAS UNVERMEIDLICHE
GESCHEHEN.

IRGENDWO WIRD JEMAND EIN ALTES, MÜDES BUCH,
NACHDEM ER ES GELESEN HAT, WEGWERFEN, OHNE
ZU WISSEN, DASS ES VON DEN TAUSENDEN, DIE
GEDRUCKT WURDEN, DAS ALLERLETZTE EXEM-
PLAR VON »DAS RECHT DER ERDE« IST, UND
ALLES WIRD WIEDER ZU STAUB WERDEN.

WO WIRD DIESE SZENE STATTFINDEN? WANN?

DIESE FRAGEN SIND ETWAS SCHWINDELERREGEND
UND ÄUSSERST MÜSSIG. SO WIE ES MÜSSIG WÄRE,
ZU VERSUCHEN, IHRE HANDLUNG ZU VERHINDERN,
NACH DER NIEMAND MEHR DIESES BUCH LESEN WIRD.

IHNEN, ENTFERNTER SAPIENS, LETZTE/R LESER/IN,
HABE ICH NICHTS BESONDERES ZU SAGEN, DA SIE
SICH IHRES STATUS NICHT BEWUSST SIND.

ICH BEGNÜGE MICH ZU FRAGEN:

WIE
LÄUFT ES
IN BURE?

EIN DACHS, EIN PAAR
EICHHÖRNCHEN,
RECHT VIELE REHE,
WENIGE VÖGEL. ZU VIEL
STILLE AN DIESEM
LINEAREN MORGEN,
DER ALLEIN VON DEM
LÄRM DER AUTOBAHN
GESTÖRT WIRD.

ES IST DAS GEFÄNGNIS VON CLAIRVAUX.

NACH DEN STUNDEN DES WALDES, DEN TAGEN DES MARSCHIERENS AN SEINE MAUERN ZU STOSSEN LÖST EIN PLÖTZLICHES, UNGLAUB- LICHES GEFÜHL DER FREIHEIT DES WANDERN- DEN AUS, DER DURCH DIE WEITEN ZIEHT.

IHR LANGZEITINSASSEN, ICH DENKE AN EUCH, WÄHREND ICH AN DIESER MAUER ENTLANGGEHE, DIE UNS TRENNT.

UND MEINE SCHLECHTE MORGENLAUNE VERFLIEGT LANGSAM. UND DER GETROCKNETE SCHWEISS MEINER KLEIDUNG, DIE ICH SEIT PECH MERLE TRAGE, WIRKT WIE ÜBERMÄSSIGER LUXUS.

ALS ICH LANGE VOR MEINEM AUFBRUCH MEINE LINIE BIS NACH BURE ZOG, FAND ICH DARAUF EIN DORF, DESSEN NAME MEIN PROJEKT ZU RECHTFERTIGEN SCHIEN.

ICH GRÜSSE SIE, GENERAL.

DU HAST UNS DIE ATOMKRAFT UND IHREN MÜLL AUFGEZWUNGEN. MEIN TAGESABFALL LIEGT IN DER MÜLLTONNE DEINES HAUSES.

DAS IST ZUGEGEBEN EINE ETWAS KLEINLICHE RACHE.

ABER ES KAM SO ÜBER MICH.

ZIEHT MAN EINE GERADE LINIE ZWISCHEN PECH MERLE UND BURE, VERLÄUFT SIE GENAU DURCH DIE STADT CHÂTEAU-CHINON, WO FRANÇOIS MIT-TERRAND ALS KOMMUNALPOLITIKER ERFUHR, DASS ER STAATSPRÄSIDENT WERDEN WÜRDE. ÜBRIGENS WUSSTE ICH BEI DER BESTEIGUNG DES MONT BEU-VRAY, DASS EBENJENER MITTERAND DORT EINE PARZELLE ERWORBEN HATTE, AUF DER ER LANGE BEABSICHTIGTE, BEIGESETZT ZU WERDEN.

WEITER SÜDLICH, BEIM VERLASSEN DER VULKANE, KAM ICH IN DER NÄHE DES PARC VULCANIA VORBEI, DEM PROJEKT VON GISCARD D'ESTAING.

NOCH FRÜHER, VOR LE PUY DE SANCY, DURCH-QUERTE ICH, OHNE ES ZU WISSEN, DEN GE-BURTSORT VON POMPIDOU. CLAUDE WAR ES, DER REDAKTEUR DES BUCHES, DER MICH DARAUF BRACHTE, ALS ER IN EINER ECKE MEINER PANELS DAS ORTSSCHILD »MONTBOUDIF« SAH.

OB ICH ES WILL ODER NICHT, DIE ERSTEN PRÄSIDENTEN DER FÜNFTEN REPUBLIK SÄU-MEN MEINEN WEG. UND WAS DIE KERNKRAFT IN FRANKREICH ANGEHT, HABEN SIE ALLE AM SELBEN STRANG GEZOGEN.

DAS SEHEN WIR MORGEN. MOMENTAN GÖNNE ICH MIR EINE BEQUEME NACHT WENIGE METER VOM GRAB DES GENERALS ENTFERNT.

10. JULI

GESTERN NACHT HABE ICH MICH NACKT IM BADE-
ZIMMERSPIEGEL BETRACHTET. EIN LANGES,
WEISSES ETWAS MIT GEBRÄUNTEN UNTER-
ARMEN UND VERKOHLTEN WADEN.

ABGESEHEN VON DIESEM MAKEL ERSCHEINT
DER ZUSTAND DER MASCHINE NACH EINER ALL-
GEMEINEN INSPEKTION ZUFRIEDENSTELLEND.
SIE VERLEIHT MIR DAS GEFÜHL, DASS ICH EWIG
SO WEITERWANDERN KÖNNTE.

LAUFEN WIR.

LASSEN SIE UNS AUF DEN KURZ GEMÄHTEN
FELDERN DIE GESCHICHTE DER KERNKRAFT IN
FRANKREICH SCHNELL ÜBERFLIEGEN.

AM 18. OKTOBER 1945, WENIGE
WOCHEN NACH DEM ABWURF
DER ATOMBOMBEN ÜBER NA-
GASAKI UND HIROSHIMA DURCH
DIE USA INITIIERT DE GAULLE
DIE GRÜNDUNG EINES FRAN-
ZÖSISCHEN KERNSEKTORS
UND DES COMMISSARIAT A
L'ÉNERGIE ATOMIQUE (C.E.A.),
DAS DREI FORSCHUNGSGE-
BIETE ABDECKT: INDUSTRIE,
WISSENSCHAFT UND VER-
TEIDIGUNG. (JA, WARUM, BITTE,
SOLLTEN WIR NICHT AUCH
EINE ATOMBOMBE HABEN?).

IM DEZEMBER 1948 WIRD
DER ERSTE FRANZÖSI-
SCHE ATOMMEILER »ZOÉ«
AKTIVIERT. ER HAT NUR
WENIGE KILOWATT.

AM 13. FEBRUAR 1960 EXPLODIERT »GERBOISE
BLEUE« IN DER ALGERISCHEN WÜSTE. DAS IST DIE
ERSTE FRANZÖSISCHE ATOMBOMBE. ATOMTESTS
WERDEN DURCHGEFÜHRT, ZUNÄCHST IN ALGERIEN,
DANN BIS 1996 IM PAZIFIK.

VON 1966 BIS 1971 GEHEN IN FRANKREICH
SECHS E.D.F.-REAKTOREN ANS NETZ. DAS IST
DER FORTSCHRITT. WIR SIND BAFF.

IM MÄRZ 1974 WIRD DER MESSMER-PLAN LANCIERT:
IN WENIGEN JAHRZEHNTEN SCHIESSEN IN GANZ
FRANKREICH KERNKRAFTWERKE AUS DEM BODEN.
IN DIESER DISZIPLIN SIND WIR WELTMEISTER.

ICH WERFE EINEN LETZTEN BLICK AUF DAS LOTH-
RINGER KREUZ AUF DER ANHÖHE DES HINTER
MIR VERSCHWINDENDEN DORFES VOM GENERAL.

UND ICH SAGE MIR:

SEIT BEGINN DER FÜNFTEN REPUBLIK VERSTRAHLT DIE ATOMLOBBY, EIN ECHTER STAAT IM STAAT, UNERMÜDLICH DIE BRILLANTESTEN HIRNE, DIE NACHEINANDER AN DER MACHT SIND, OHNE DASS JE EINE WAHRE NATIONALE DEBATTE ÜBER DAS THEMA STATTGEFUNDEN HAT.

DAS STOLZE SYMBOL DES GAULLISMUS HÄTTE DAHER SO AUSSEHEN MÜSSEN.

IM MÄRZ 1979 PASSIERT DER ATOMUNFALL VON THREE MILES ISLAND. (EGAL, DAS IST JA WOANDERS UND WIR SIND VIEL SCHLAUER ALS DIE USA.)

IM NOVEMBER 1979 WIRD DIE ANDRA INNERHALB DER C.E.A. GEGRÜNDET. UND WAS MACHTE MAN DAVOR? TJA, BIS 1973 ENTSORGTE FRANKREICH SEINEN ATOMMÜLL IN ALLER RUHE IN DEN OZEANEN.

UNGEFÄHR 17.000 TONNEN IM ATLANTIK UND IN DER SÜDSEE.

WIR WERDEN SCHON SEHEN.

IM APRIL 1986 PASSIERT DIE ATOMKATASTROPHE IN TSCHERNOBYL. (EGAL, DAS IST WOANDERS UND WIR SIND VIEL SERIÖSER ALS DIE SOWJETS.)

VON 1987 AN WERDEN DIE ERSTEN FORSCHUNGEN ZUM FRANZÖSISCHEN ATOMMÜLL ANGESTOSSEN. MÖGLICHE STANDORTE WERDEN IM DEUX-SÈVRES, IM L'AIN, IM L'AISNE UND IN MAINE-ET-LOIRE ERFASST. ANGESICHTS DES STARKEN EINSETZENDEN WIDERSTANDS IN DER BEVÖLKERUNG BESCHLIESST DER PREMIERMINISTER ROCARD EIN MORATORIUM.

1991 RICHTET DAS LOI-BATAILLE-GESETZ ÜBER DIE FORSCHUNG ZU LÖSUNGEN FÜR ATOMMÜLL EINEN MECHANISMUS FÜR »FINANZIELLEN AUSGLEICH« FÜR GEMEINDEN EIN, DIE DEN MÜLL BEI SICH DULDEN.

SIE ÜBERSCHLAGEN SICH NICHT GERADE.

1994 WERDEN DREI STANDORTE FESTGEHALTEN: LA CHAPELLE-BÂTON MIT SEINEM GRANITUNTERBODEN, BAGNOLS-SUR-CÈZE UND BURE MIT SEINEM TON.

1999 WIRD BURE MANGELS ALTERNATIVE AUSGEWÄHLT. (DER GRANIT DER VIENNE IST ZU BRÜCHIG UND DER WIDERSTAND IN BAGNOLS ETWAS ZU VEHEMENT.)

AB 2000 BEGINNT DER BAU DES »LABORS« DER ANDRA UND DIE ORGANISATION DES ÖRTLICHEN WIDERSTANDS IN BURE.

2004 WIRD DAS HAUS DES WIDERSTANDS GEGRÜNDET.

MÄRZ 2011 EXPLODIERT DAS KERNKRAFTWERK VON FUKUSHIMA. (EGAL, DAS IST WOANDERS UND WIR SIND VIEL CLEVERER ALS DIE JAPANER.)

SOMMER 2015 FAND DER SELTSAME TAUSCH DES BOIS LEJUC STATT, VON DEM UNS MICHEL LABAT ERZÄHLTE.

UND MIR KOMMEN ZWEIFEL AM WEG.

DER MOMENT MEINER REISE,
WO DIE LINIE, DIE ICH ZIEHE,
SICHTBAR WIRD.

GUTEN TAG.

TAG, MONSIEUR.

DÜRFTE ICH SIE UM ETWAS WASSER BITTEN?

SICHER. KOMMEN SIE REIN.

AAAH... BURE ... DIESES ATOMDINGS ...

WIR NÄHERN UNS.

ABER ... VERLAUFEN SIE SICH NIE UNTERWEGS?

KAUM. ICH HABE WANDERKARTEN DABEI.

WANDERKARTEN?

OHNE ES ZU AHNEN, HAT ER UNS DIE BRU-
TALITÄT DES CIGÉO-PROJEKTES OFFENBART,
DIE SICH HIER FESTSETZT, WEIL ENTFERNTE
HIRNE BESCHLOSSEN HABEN, DASS HIER
EINE WÜSTE IST.

BEI DEN WILDEN.

MITTEN AM TAGE ZU LAUFEN BESTÄTIGT DIESE
HYPOTHESE:

DER BODEN IST DIE HAUT DER WELT.

OH, VER-
DAMMT ...

EIN DURCH-
HÄNGER ...

ER KOMMT IN DEM MOMENT, WO MEIN WEG KURZ
DIE STÄDTISCHE ZIVILISATION KREUZT.

ICH IRRE ZWISCHEN VOLLEN STRASSEN, DEM BAHNGLEIS UND GEWERBEGEBIETEN UMHER.

SELBST DER KANAL, AN DEM ICH ZELTEN WOLLTE, WIRKT MEHR ALS UNGASTLICH.

DIE DURCH MEINE MÜDIGKEIT VERSTÄRKTE DICHTE DIESES EIFRIGEN TREIBENS VERSCHEUCHT MICH AUS DIESEM BALLUNGSRAUM.

AUS DEM WEG.

MEINE NERVEN LIEGEN BLANK.

MEINE LETZTE NACHT UNTERWEGS VERDIENT BESSERES ALS EIN LAGER AM STRASSENRAND.

ICH KOMME AUF EINE RUHIGE EBENE.

ABER ICH TREFFE DORT NUR AUF GEBÜSCH UND ACKERLAND.

AM RAND EINES FELDES BEFREIE ICH DREI QUADRATMETER VON STEINEN, UM DORT MEIN ZELT AUFZUSCHLAGEN.

VOR ZWÖLF STUNDEN BIN ICH BEIM GENERAL AUFGEBROCHEN.

DIE REHE KÖNNEN ALLEN LÄRM MACHEN, DEN SIE WOLLEN.

11. JULI

ES SIND NUR NOCH KNAPP FÜNFUNDZWANZIG KILOMETER BIS NACH BURE.

AM FRÜHEN NACH-
MITTAG BIN ICH DA.

DIE LETZTEN DÖRFER DURCHQUERE ICH UNTER EINEM GRAUEN HIMMEL.

176

* WIRTSCHAFTLICHES BEGLEITLABOR BURE-SAUDRON –
GEFÖRDERT DURCH DIE GIP HAUTE-MARNE

IRRITIERT VON DIESEM BESUCHER AUF DER BANK KOMMT DER SIEBZIGJÄHRIGE AUS SEINEM HAUS. WIR PLAUDERN. BURE, CIGÉO, DAS KENNT ER GUT. ER WAR GASTRONOM. DIE LEUTE VON DER ANDRA KAMEN JEDEN MITTAG. VIERZIG ODER FÜNFZIG GEDECKE. EINE SCHÖNE ZEIT. WIR HABEN GUT VERDIENT.

GUTEN TAG!

TAG.

SO SEHR, DASS ER BEKANNTSCHAFT MIT DEN »GROSSEN BOSSEN« DER ANDRA MACHTE, DIE IHN EINES TAGES NACH UNTEN EINLUDEN. ICH MERKE AN, DASS DER BAU NOCH NICHT BEGONNEN HAT. ER BE- STREITET DAS KATEGORISCH. ER HAT ALLES GESEHEN. DIE AUFZÜGE, DIE MASCHINEN, DIE BELÜFTUNG.

SIE HABEN IHN SICHER IN DEN VERSUCHS- STOLLEN EINGELADEN, WO NIEMALS ABFALL GELAGERT WIRD. ER DIENT DAZU, DIE BOHR- TECHNIKEN ZU TESTEN. SO SÄT MAN BEI EINIGEN ANWOHNERN VERWIRRUNG.

ABER ALS DIESES GESPRÄCH STATTFINDET, IST DER BAUANTRAG DER CIGÉO NOCH NICHT GESTELLT. DIE ÖFFENTLICHE ANHÖRUNG HAT NICHT MAL BEGONNEN. DER KAMPF GEHT WEITER.

BEVOR ICH WEITERGEHE, WILL ICH DIE VERPACKUNG MEINER MÜSLIRIEGEL IN EINEN MÜLLEIMER WER- FEN. DER TYP HÄLT MIR DIE HAND HIN UND SAGT:

GEBEN SIE MIR DAS, ICH WERFE ES BEI MIR WEG.

ICH FRAGE MICH, WOHER WOHL DIESER ÖRT- LICHE FLUCH KOMMT, DASS MAN MEINT, DEN MÜLL ANDERER ENTSORGEN ZU MÜSSEN.

ES WIRD ZEIT, DASS ICH IHNEN MEINEN LETZTEN ZEUGEN VORSTELLE, DER DIESE GESCHICHTE HAUTNAH ERLEBT.

GEHEN WIR ZUNÄCHST ETWAS ZURÜCK.

ENDE 2015 FINDET IN PARIS DIE COP21* STATT.

DAS DARAUS RESULTIERENDE ABKOMMEN VERSTEHT SICH ALS HISTORISCH. ES SOLL DIE WELTWEITE KLIMAERWÄRMUNG UNTER ZWEI GRAD HALTEN UND WEITERE ANSTRENGUNGEN ANSTOSSEN, UM DIESE ERWÄRMUNG AUF EINEINHALB GRAD ZU BEGRENZEN.

WIR WERDEN SEHEN.

NACH DEN ISLAMISTISCHEN ATTENTATEN, DIE FRANKREICH IN DEN MONATEN ZUVOR EREILTEN, IST DIE STIMMUNG ANGESPANNT.

IN DEN AKTIVSTEN ÖKO-NETZWERKEN STELLT MAN SICH SEIT DER ANKÜNDIGUNG DIESES EVENTS EINIGE FRAGEN.

SOLL MAN DIE REGIERUNGSAGENDA HINNEHMEN? WELCHE POSITION SOLL MAN GEGENÜBER DEM EINNEHMEN, WAS EINIGE ALS EINEN VON TAUSENDEN POLIZISTEN GESCHÜTZTEN KOSTSPIELIGEN MUMMENSCHANZ BETRACHTEN?

JOËL DOMENJOUD GEHÖRT ZU JENEN.

AB 2012 IST DIESER PARISER OFT NACH NOTRE-DAME-DES-LANDES GEREIST, WO EIN BEISPIELHAFTER KAMPF GEGEN EIN FLUGHAFENPROJEKT STATTFINDET.

DORT TRIFFT ER ZUM ERSTEN MAL LEUTE, DIE IHM DAVON ERZÄHLEN, WAS IN BURE AM ANDEREN ENDE VON FRANKREICH PASSIERT.

ER REIST DORTHIN.

IN BURE DISKUTIEREN WÄHREND EINES SOMMERLAGERS 2015 FÜNFHUNDERT PERSONEN ÜBER DIE BESAGTE COP21. AM ENDE PLANT MAN – NEBEN ANDEREN ZAHLREICHEN DEMOS –, TRAKTOREN- UND FAHRRADKONVOIS VON AKTIVISTEN AN DEN TOREN VON PARIS ZUSAMMENZUFÜHREN.

JOËL BETEILIGT SICH AN DER LOGISTIK: PLANUNG DES EMPFANGS UND UNTERBRINGUNG FÜR TAUSENDE PERSONEN IN DER HOCH GESICHERTEN HAUPTSTADT. EINE ECHTE HERAUSFORDERUNG.

AM 20. NOVEMBER, ZEHN TAGE VOR DEM GIPFEL, VERKÜNDET DIE REGIERUNG DAS VERBOT JEGLICHER DEMONSTRATIONEN.

JOËL UND DER SPRECHER DER »KLIMAKOALITION« LEGEN EINE KLAGE GEGEN DIESES VERBOT EIN.

IN DER NACHT ZERSTÖRT EIN BRANDANSCHLAG DAS ANWALTSBÜRO, DAS DIE KLAGE VERTRITT.

DIE KLAGE WIRD AUFRECHTERHALTEN, ABER AM NÄCHSTEN TAG VON EINEM VERWALTUNGSGERICHT ABGEWIESEN.

ZWEI TAGE SPÄTER WERDEN MEHRERE BESETZTE HÄUSER DURCHSUCHT UND AM SELBEN TAG VIERUNDZWANZIG PERSONEN IN FRANKREICH UNTER HAUSARREST GESTELLT.

AUCH JOËL.

AM 26. NOVEMBER 2015 NACHMITTAGS KREUZEN WÄHREND MEINER ABWESENHEIT ZWANZIG POLIZISTEN BEI MIR AUF.

SCHON MORGENS AUF DER STRASSE MERKTE ICH, DASS MAN MIR FOLGTE. ICH KONNTE SIE ABHÄNGEN UND MEINE FREUNDE WARNEN, DASS WIR MIT EINER GROSSOPERATION RECHNEN MUSSTEN.

ABENDS WURDE ICH BEI DER POLIZEI VORSTELLIG ...

... UND STEHE DANN UNTER HAUSARREST. SIEBZEHN TAGE LANG MUSS ICH MICH DREIMAL TÄGLICH MELDEN.

UND ICH DARF NUR ZWISCHEN ZWANZIG UHR UND SECHS UHR MORGENS RAUSGEHEN.

NATÜRLICH HABE ICH MIT ANDEREN GEGEN DEN HAUSARREST GEKLAGT. WIR SIND BIS ZUR OBERSTEN INSTANZ GEGANGEN. UND JEDES MAL WURDE ER VON DEN AUSSERORDENTLICHEN MASSNAHMEN INFOLGE DER ATTENTATE GERECHTFERTIGT, OHNE DASS DIE TATEN, DIE MAN UNS VORWARF, DARGELEGT WURDEN.

DIE KONVOIS DER WIDERSTANDSGEBIETE WERDEN AUF IHRER FAHRT NACH PARIS AN JEDER DEPARTEMENTGRENZE VON DEN POLIZEISPERREN BLOCKIERT UND DÜRFEN SCHLIESSLICH AM 28. NOVEMBER IN VERSAILLES EIN PICKNICK VERANSTALTEN.

DIE DORT BEHANDELTEN PROBLEME WAREN VIEL UMFASSENDER ALS EIN EINFACHER REGIERUNGSGIPFEL, DER DIE MEISTEN NICHT INTERESSIERTE!

BEDEUTET DAS, DASS DIE UMWELTAKTIVISTEN MITTLERWEILE MIT TERRORISTEN GLEICHGESETZT WERDEN?

SO IST ES ... UND SEITDEM WURDE DAS INS GEMEINE RECHT ÜBERTRAGEN.

DU ALS PARISER ERFÄHRST ALSO IN NOTRE-DAME-DES-LANDES VON BURE?

AUS POLIZEISICHT WAR DAS SOMMERLAGER IN BURE 2015 EIN TRAINING FÜR DIE BEVORSTEHENDE COP21. DAS IST NATÜRLICH VOLLKOMMENER UNSINN!

GENAU! NA JA, DAS IST NUR LOGISCH ...

DAS WAR SCHON IN DEN 70ERN IN LARZAC DER FALL, WO VIELE AKTIVISTEN PARIS VERLIESSEN, UM AUF DEM LAND GEGEN DIE ATOMKRAFT ODER DIE FLÄCHENNUTZUNG ZU PROTESTIEREN.

WARUM?

NA JA, IN DER STADT WIRD ES IMMER SCHWIERIGER. DIE ORTE, WO SICH AKTIVISTEN VERSAMMELN, WERDEN ÜBERWACHT UND GERÄUMT.

DIE PROTESTNETZWERKE STEHEN UNTER DRUCK.

KÄMPFEN UND ANDERE LEBENSWEISEN ENTDECKEN, DAS ERSCHEINT FERN DER STÄDTE ZUGÄNGLICHER.

BEI DIESER GELEGENHEIT ENTDECKE ICH ALSO BURE, ALS VIELE MEINER FREUNDE PARIS BEREITS VOR MIR VERLASSEN HABEN.

WIR WISSEN, DASS DIE ANDRA IHRE CIGÉO-MÜLLDEPONIE BRAUCHT, BEVOR IHRE WIEDERAUFBEREITUNGSANLAGE IN LA HAGUE ÜBERQUILLT, WAS BALD PASSIEREN WIRD.

DAS WAR DER RICHTIGE MOMENT, UM ZU REAGIEREN.

ECHT IRRE, DIESE INDUSTRIE, DIE NICHT DARAN GEDACHT HAT, WAS SIE MIT IHREM EIGENEN MÜLL ANSTELLT, WAS?

HAHA, JA! ZUMAL ES DER SCHLIMMSTE MÜLL IST, DEN MAN SICH VORSTELLEN KANN.

DAS ERKLÄRT SICHER SO EINIGES ...

GENAU. ALSO OHNE DIE CIGÉO WÄRE DIE ATOMBRANCHE ZIEMLICH SCHNELL AUFGESCHMISSEN. ES STEHT ENORM VIEL AUF DEM SPIEL!

DAMALS WAR BURE KAUM BEKANNT. EIN PAAR BAUERN VOR ORT PROTESTIEREN, ABER WIR SIND NICHT IN PLOGOFF, WO SICH DIE GANZE BEVÖLKERUNG ZUSAMMENGESCHLOSSEN HATTE.

UM ZU PROTESTIEREN, MUSS MAN VOR ORT LEBEN.

WENN WIR URPLÖTZLICH DORT AUFKREUZEN, SIND WIR NICHT VIEL BESSER ALS DIE ANDRA.

WIR MÜSSEN DIE PROTESTIERENDE BEVÖLKERUNG WERDEN.

ALSO LASSEN SICH DORT AB DEM HERBST 2015 DIE LEUTE ALLMÄHLICH NIEDER. SIE KOMMEN AUS GANZ FRANKREICH, AUS DEUTSCHLAND UND VON ANDERSWO. SIE BLEIBEN MANCHMAL MEHRERE MONATE. EINIGE SIND GEBLIEBEN. JOËL IST NOCH IN PARIS UND STEHT UNTER HAUSARREST.

DIESER BESTRAFT EIN ENGAGEMENT VON MEHREREN JAHREN. ER IST ARBEITSLOS UND HAT DAS BEDÜRFNIS BILANZ ZU ZIEHEN.

EINFACH NUR ZU SAGEN, »ATOMKRAFT IST SCHLECHT«, »100.000 JAHRE«, »DIE STRAHLUNGEN«, DAS GEHT NICHT!

DAS ERSCHLÄGT DIE LEUTE. DAS KANN SOGAR DEN KAMPFESWILLEN HEMMEN.

ABER VOR ORT DIE VERSEUCHUNG DER BÖDEN, DIE BESCHLAGNAHMUNG DES LANDES ZU ERWÄHNEN, DAS SPRICHT HIER JEDEN AN!

ICH KOMME IM SOMMER 2016 HER.

UND WIR LEGEN LOS!

WIR BEBAUEN DIE VON DER ANDRA BEREITS BEANSPRUCHTEN FELDER.

DIE ÖRTLICHEN BAUERN VOM BAUERNVERBAND HELFEN UNS DABEI.

WIR ZIEHEN KARTOFFELN UND GETREIDE.

SPÄTER STELLEN WIR SOGAR MEHL HER, UM BROT ZU BACKEN!

ES IST HART. ES GIBT RÜCKSCHLÄGE.

ABER WIR SIND DA!

AB DEM HERBST BEGINNEN WIR IN BURE UND DEN UMLIEGENDEN DÖRFERN WOHNRAUM ZU MIETEN ODER ZU KAUFEN. WIR DEBATTIEREN LEIDENSCHAFTLICH! ES IST EINE EUPHORISCHE ZEIT!

UND DIE ANDRA LÄSST EUCH MACHEN?

ANFANGS JA.

ZU DIESER ZEIT IST DIE ANDRA HIER NOCH EINE KLEINE NUMMER. IHR »LABOR« WÄCHST, ABER SIE SIND NOCH DISKRET.

DIE ANDRA BRAUCHT WEDER MENSCHEN NOCH AUFMERKSAMKEIT.

IM GEGENTEIL, SIE LASSEN SICH HIER NIEDER, WEIL ES AUS IHRER SICHT EINE WÜSTE IST. ES IST VERDUN.

AUSSER FÜR DIE BAUSTELLE, DIE EIN PAAR PREKÄRE UND VORÜBERGEHENDE ARBEITSPLÄTZE SCHAFFT, GIBT ES ANGESICHTS DER GRÖSSE DES PROJEKTS WENIG PERSONAL VOR ORT. IHRE STOLLEN WERDEN AUTOMATISIERT UND DIE ARBEITSSTELLEN SEHR SPEZIALISIERT UND HOCH QUALIFIZIERT SEIN.

WIR HINGEGEN WOLLEN WIEDER LEBEN IN DIE DÖRFER BRINGEN!

WIR BRAUCHEN KULTUR!

BAUERN!

KUNST!

EBEN EIN ALLTAGSLEBEN!

WAS HIER ENTSTEHT, IST NICHT NUR EIN KAMPF GEGEN ATOMKRAFT. MIT IHREM ABSURDEN ABFALL IST DIE CIGÉO EIN GLOBALES SYMPTOM DES AUS DEN FUGEN GERATENEN KAPITALISMUS.

UND DANN?

IN DIESEM SOMMER RODET DIE ANDRA ILLEGAL SIEBEN HEKTAR DES BOIS LEJUC. SIE ZIEHEN DORT SOGAR EINE TAUSENDZWEIHUNDERT METER LANGE MAUER HOCH!

WIR KLAGEN. WIR BESETZEN EINEN ANDEREN TEIL DES WALDES.

WIR WERDEN VON DEN GENDARMEN VERTRIEBEN. ZWEI WOCHEN SPÄTER KOMMEN WIR MIT VIERHUNDERTFÜNFZIG PERSONEN UND MIT TRAKTOREN ZURÜCK.

ES GEHT HOCH HER.

AM ENDE GELINGT ES DEN MIT KNÜPPELN UND HELMEN AUSGERÜSTETEN MOBILEN GENDARMEN, UNTERSTÜTZT VOM SICHERHEITSPERSONAL DER ANDRA, UNS MIT MÜHE AUS DEM UMMAUERTEN WALDTEIL ZU VERDRÄNGEN.

AM 1. AUGUST VERURTEILT DAS GERICHT VON NANCY DIE ANDRA FÜR DIE »ILLEGALE RODUNG«!

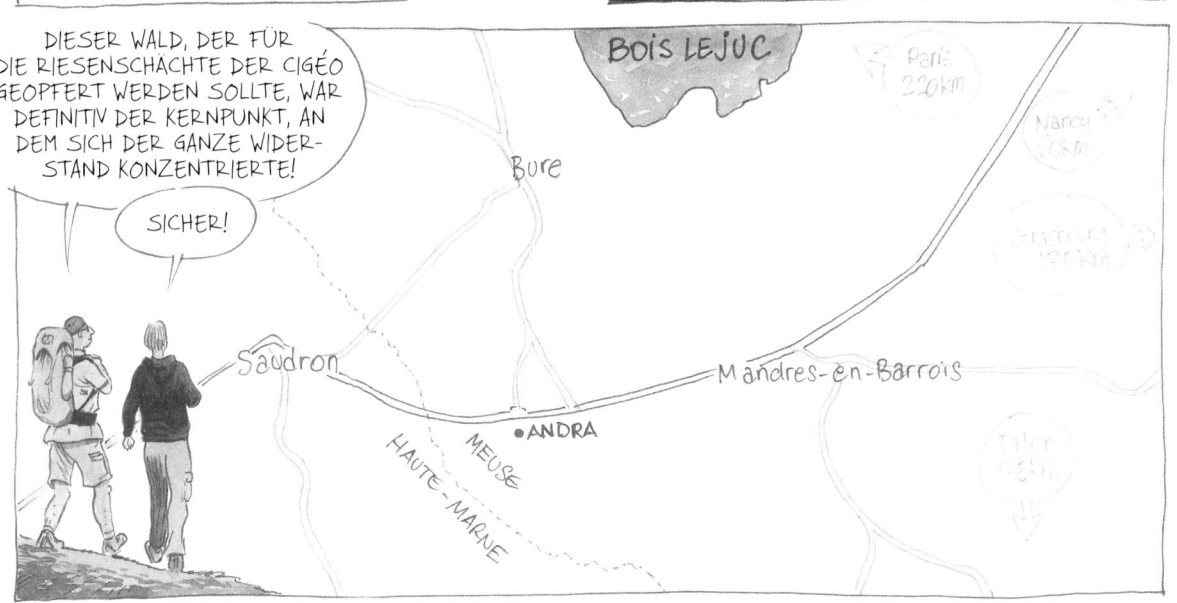

DIESER WALD, DER FÜR DIE RIESENSCHÄCHTE DER CIGÉO GEOPFERT WERDEN SOLLTE, WAR DEFINITIV DER KERNPUNKT, AN DEM SICH DER GANZE WIDERSTAND KONZENTRIERTE!

SICHER!

BOIS LEJUC

Paris 220 km

Nancy 68 km

Bure

Saudron

Mandres-en-Barrois

•ANDRA

MEUSE

HAUTE-MARNE

UND SO KOMMEN AB DEM 14. AUGUST 2016 VIERHUNDERT LEUTE ZURÜCK UND REISSEN AN EINEM TAG DIE MAUER DER ANDRA EIN!

DAS WAR WIRKLICH EIN IRRER SOMMER!

WIR ERINNERN UNS GERN AN DUTZENDE VON LEUTEN, DIE NACKT AUF DEN MAUERTRÜMMERN TANZEN!

IN DIESEM JAHR KOMMEN TAUSENDE NACH BURE. MIT DEM WINTER KEHRT WIEDER RUHE EIN, ABER DUTZENDE AKTIVISTEN WECHSELN SICH VOR ORT AB, IM HAUS DES WIDERSTANDS, IN DEN UMLIEGENDEN DÖRFERN UND IN DEN BÄUMEN DES WALDES, TROTZ DER KÄLTE.

ZWEI JAHRE LANG IST DER WALD BEWOHNT, UND DAS AUCH BEI MINUS FÜNFZEHN GRAD.

ES IST EINE ZEIT DES GEMEINSCHAFTSLEBENS.

»WIR BAUEN UNSERE HÄUSER UND WIR ERBAUEN UNS SELBST«, SAGT JOËL.

VON SEPTEMBER 2016 BIS MAI 2017 HALTE ICH IM HAUS DES WIDERSTANDS DIE STELLUNG. AN DIE HUNDERT LEUTE SIND VOR ORT AKTIV.

ALTE, NEU-ANKÖMMLINGE, DIE MANCHMAL STEREO-TYPE ANSICHTEN HABEN.

ES IST BUNT GE-MISCHT.

MANCHMAL IST ES SCHWIERIG, SICH ZU EINIGEN. STÄNDIG WIRD DISKUTIERT, VOR AL-LEM ÜBER DIE TÄGLICHE LOGISTIK, DIE RECHT KOMPLEX IST.

NACH MONATEN DES KAMPFES ERMÜDEN VIELE UND MANCHE GEHEN.

AM 18. FEBRUAR 2017 WIRD EINE GROSSE DEMO ORGANISIERT.

ACHTHUNDERT LEUTE KOMMEN ZU EINEM PICKNICK NACH BURE.

FÜNFHUNDERT GENDARMEN EMPFANGEN SIE MIT TRÄNENGAS.

ES GIBT VERLETZTE.

IM GEMENGE WIRD EIN TEIL DES ZAUNS, DER DAS LABOR DER ANDRA SÄUMT, EIN-GERISSEN.

DER INNENMINISTER VERKÜNDET:

»ES GIBT KEINE ›ZAD*‹ IN BURE.«

SCHON KOMISCH, DIE OFFIZIELLE BEDEUTUNG VON »ZAD« IST »ZONE D'AMÉNAGEMENT DIFFÉRÉ«.

SEIT NOTRE-DAME-DES-LANDES IST DAS VORBEI: ALLE LESEN DARIN »ZONE À DÉFENDRE«, DAS IST SCHON MAL EIN SEMANTISCHER SIEG!

HAHA, JA! ABER DESHALB MÜSSEN WIR JETZT AUFPASSEN.

* ZAD: EIGENTLICH EINE ABKÜRZUNG FÜR »ZONE D'AMÉNAGEMENT DIFFÉRÉ« = BEBAUUNGSPLANGEBIET, IN KREISEN VON UMWELTAKTIVISTEN ABER AUCH »ZONE À DÉFENDRE« = VERTEIDIGUNGSZONE, VON UMWELTSCHÜTZERN BESETZTES GEBIET

DIE ZAD IST NÄMLICH IN DEN KÖPFEN VIELER LEUTE DER KAMPF UM NOTRE-DAME-DES-LANDES UND DIE SIEGREICHE ABKEHR VOM FLUGHAFENPROJEKT. UND DAS IST AUCH GUT SO. MÜSSEN WIR DEN BEGRIFF AUF BURE ODER ANDERSWO ANWENDEN?

NICHT UN-BEDINGT.

ICH GLAUBE SOGAR, DASS UNS DAS IN EIN MODELL ZWÄN-GEN KANN, DAS NICHT GE-NAU AUF DAS HIESIGE ZUTRIFFT.

SOLLEN WIR UNS DAMIT BEGNÜGEN, NACH-ZUAHMEN UND ENGSTIRNIG ZU DENKEN?

NEIN, ODER?

IST DIR EIN ANDERER BEGRIFF LIEBER?

NOTRE-DAME, BURE, SIVENS, LARZAC, PLOGOFF. DAS SIND GEBIETE DES WIDERSTANDS.

GEBIETE DES WIDER-STANDS, DAS GEFÄLLT MIR.

STIMMT.

KOMMEN WIR ZU-RÜCK ZU BURE. WIR WAREN BEI 2017.

AM 21. JUNI HAT EIN KLEINES EREIGNIS EINE GROSSE WIRKUNG:

IM UMKREIS DES LABORS DER ANDRA FINDET EINE SPONTANE DEMO STATT. FÜNF BIS SIEBEN PERSONEN DRINGEN IN DAS HOTEL-RESTAURANT DES LABORS EIN. EIN KLEINER BRAND ENTSTEHT, DEN DER BETREIBER SOFORT LÖSCHT. NIEMAND WIRD VERLETZT.

ABER IN DEN MEDIEN NIMMT DAS EREIGNIS ENORME AUSMASSE AN UND ES WIRD STRAFRECHTLICH ERMITTELT.

WARST DU DA-BEI?

NEIN, ICH WAR IN GRIECHENLAND IM URLAUB. ABER NACH DEM ZWISCHENFALL HÖRE ICH DORT IN DEN LANDESNACHRICHTEN VON BURE. WIR HÄTTEN EINE GRENZE ÜBER-SCHRITTEN. UND DANN GING ES LOS:

DIE ÖRTLICHEN SENATOREN ERHALTEN EINE STÄNDIGE TRUPPE. HUNDERT GENDARMEN KREUZEN IN BURE AUF. SIE SIND NOCH DA!

UND DAS WAR DER BEGINN DER REPRESSION UND DER ALLGEMEINEN ÜBERWACHUNG.

JA, MICHEL LABAT HAT UNS VON SEINEM LEBEN IN DIESER BLEIERNEN ZEIT ERZÄHLT.

ALLE LEUTE WERDEN VERFOLGT, ÜBERWACHT UND STÄNDIG KONTROLLIERT.

AN EINEM TAG WERDE ICH ZWEI STUNDEN BEI EINER FAHRRADTOUR VERFOLGT.

IM JULI WIRD OHNE UNSER WISSEN DIE »BURE-ZELLE« IN DER ERMITTLUNGSABTEILUNG DER GENDARMERIE VON NANCY EINGERICHTET: EINE GRUPPE VON POLIZISTEN, DIE NUR MIT DEN HIESIGEN VORGÄNGEN BESCHÄFTIGT UND PERMANENT IN COMMERCY STATIONIERT SIND.

EINE UNTERSUCHUNG WEGEN »KRIMINELLER VEREINIGUNG« WIRD EINGELEITET, AUCH DAVON WISSEN WIR NICHTS.

WIR WERDEN ALLE ABGEHÖRT.

DER STAAT ZIEHT DIE SCHLINGE ZU.

DIE IM WALD ERRICHTETEN HÜTTEN SIND NOCH BEWOHNT, UND EINE RÄUMUNGSDROHUNG HAT DIE CIGÉO-GEGNER ZU EINER GROSSEN UNTERSTÜTZER-DEMO ANIMIERT, DIE FÜR DEN 15. AUGUST GEPLANT IST. WAR ES RICHTIG, DIESE ANGESPANNTE STIMMUNG AUFRECHTZUERHALTEN?

AM TAG X SIND WIR ZWISCHEN VIERHUNDERT UND ACHTHUNDERT ...

VOR UNS TAUSEND GENDARMEN.

UND DANN?

DANN GIBT ES SCHLICHTWEG EIN MASSAKER.

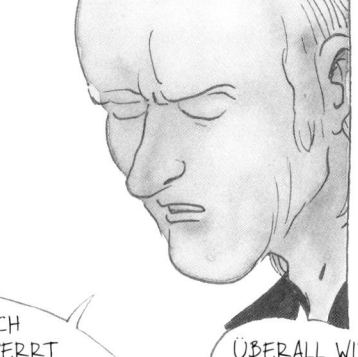

DER EINGANG NACH BURE IST VERSPERRT. NACH KURZEN SCHARMÜTZELN MACHT DIE DEMO EINEN UMWEG VON VIER KILOMETERN ÜBER DIE FELDER UND GELANGT NACH SAUDRON. DIE BULLEN STEHEN AUF DER ANHÖHE. DAS DORF WIRD ZUM SCHLACHTFELD UND VON TRÄNENGAS ÜBERFLUTET.

ÜBERALL WIRD GESCHOSSEN.

ES GIBT VIELE VERLETZTE.

EIN AKTIVIST UNTER IHNEN WIRD DURCH EINE GRANATE SCHWER VERLETZT.

DAS SIND DIE BERÜHMT-BERÜCHTIGTEN GLI-F4, WAHRE KRIEGSWAFFEN, DIE ANSCHLIESSEND UNTER DEN GELBWESTEN FÜR EINE BLUTIGE ERNTE VON FINGERN UND HÄNDEN SORGEN, BEVOR SIE VERBOTEN UND SOGLEICH DURCH EIN ANDERES, EBENSO GEFÄHRLICHES MODELL ERSETZT WERDEN.

»AM ENDE DIESES TAGES HERRSCHT HIER EINE TODESSTIMMUNG«, SAGT JOËL.

DANN, AM 21. SEPTEMBER 2017, GEHT EINE WELLE VON HAUSDURCHSUCHUNGEN AUF DIE AKTIVISTEN VON BURE NIEDER.

JOËLS ZUHAUSE WIRD DURCHSUCHT. ER ERFÄHRT ZUM ERSTEN MAL VON DER KLAGE, IN DER IHM DIE GRÜNDUNG EINER »KRIMINELLEN VEREINIGUNG« VORGEWORFEN WIRD.

IM HAUS DES WIDERSTANDS WERDEN UNTER ANDEREM FEUERWERKSKÖRPER BESCHLAGNAHMT.

DIE ERSTEN VORLADUNGEN VOR GERICHT KOMMEN IM DEZEMBER. AN DIE FÜNFZIG PERSONEN SIND BETROFFEN.

ES IST EIN EIN- UND AUSGEHEN IM GERICHT VON BAR-LE-DUC.

IM FEBRUAR 2018 WERDEN DIE BEWOHNER DES BOIS LEJUC VERTRIEBEN.

IN BURE UND DEN UMLIEGENDEN DÖRFERN GIBT ES EIN MASSIVES POLIZEIAUFGEBOT UND STÄNDIGE KONTROLLEN.

DA WEITET SICH DER KAMPF AUS!

VON HERBST 2017 AN WERDEN IN GANZ FRANKREICH HILFSKOMITEES GEGRÜNDET!

AN DIE NEUNZIG IN NUR WENIGEN WOCHEN!

IHRE MITGLIEDER VERSAMMELN SICH 2018 IN MANDRES, WO SIE AUF EINE HEFTIGE POLIZEIREPRESSION STOSSEN.

FÜR DIE VERWEIGERUNG EINER DNA-PROBE ODER DAFÜR, DASS MAN SEINEN PERSONALAUSWEIS NICHT GEZEIGT HAT, RISKIERT MAN EINE HAFTSTRAFE.

ALSO WANDERN WIR AB!

AM 16. JUNI STRÖMEN DIE KOMITEES ZU EINER GROSSDEMO NACH BAR-LE-DUC! ZWEITAUSEND PERSONEN AUS GANZ FRANKREICH! WENIGE ZUSAMMENSTÖSSE UND GUTE STIMMUNG!

DANN, FÜNF TAGE SPÄTER, FRÜHMORGENS BEI SIEBEN VON IHNEN ...

MAN REISST MICH AUS DEM BETT. ICH SITZE SECHZIG STUNDEN IN POLIZEIGEWAHRSAM. SIE WOLLEN ALLES ÜBER DIE ORGANISATION DES WIDERSTANDS WISSEN: DIE SANITÄTER, DIE EIGENMEDIEN, DIE BUCHHALTUNG.

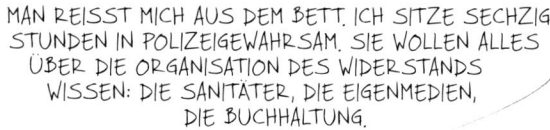

SIE VERDECKEN DIE FENSTER UND DIE UHR, DAMIT ICH DIE ORIENTIERUNG VERLIERE.

SIE HABEN DIE KONTEN DES HAUSES DES WIDERSTANDS UND MEINE EIGENEN KONTEN KONFISZIERT.

SIE SPIELEN MIR MEINE PRIVATEN TELEFONGESPRÄCHE AUS DEN LETZTEN JAHREN VOR, UNTER ANDEREM MIT JOURNALISTEN.

UM SICH ENTGEGENKOMMEND ZU ZEIGEN, BIETEN SIE MIR AN, DASS ICH MEINE MUTTER ANRUFEN DÜRFE. DA MEINE MUTTER ABER NUR DEUTSCH SPRICHT, DAS SIE NICHT VERSTEHEN, WIRD MIR DER ANRUF DOCH VERWEIGERT.

IRGENDWANN BRINGT MICH EIN GENDARM IN DEN RUHERAUM, UM MIR ESSEN IN ZELLOPHANVERPACKUNG ZU BRINGEN.

AUF DEM TISCH SEHE ICH EINE LOKALZEITUNG. EIN OFFIZIER HÄLT DAS DEM GENDARM VOR UND FÜHRT MICH AUS DEM RAUM, EHE ICH EINEN BLICK DARAUF WERFEN KANN.

VIELLEICHT HÄTTE ICH ERFAHREN, DASS ICH VERHAFTET WURDE.

ICH WAR RECHT GUT AUF DIESE PRÜFUNG VORBEREITET.

»WIR HABEN NICHTS ZU SAGEN.«

ALLES KANN FESTGEHALTEN UND GEGEN UNS VERWENDET WERDEN, WIE WIR NACHHER FESTSTELLEN.

SIE WISSEN, DASS ICH MICH GUT MIT JURA AUSKENNE.

ZEITWEISE VERSUCHEN SIE NETT ZU SEIN.

EINER SAGT MIR: »WENN DAS ZU ENDE IST, GEHEN WIR EINEN TRINKEN.«

NEIN, GANZ SICHER NICHT.

EINIGE BEKRÄFTIGEN: »ICH BIN AUCH NICHT UNBEDINGT FÜR DIE CIGÉO.«

DAS HÖREN WIR NICHT ZUM ERSTEN MAL.

»ICH«

»HABE«

»NICHTS«

»ZU«

»SAGEN.«

HUNDERTE MALE.

NACH SECHZIG STUNDEN WIRD JOËL INS GERICHT GEBRACHT, WO ER IM KORRIDOR SEINE FREUNDE UND SOGAR IHREN ANWALT TRIFFT, DER ALS VERDÄCHTIGER VORGELADEN WURDE. SIEBEN AKTIVISTEN WURDEN VERHAFTET.

WIR REDEN WENIG.

ES IST EIN SELTSAMER MOMENT, IN DEM DIE POLIZISTEN VERSUCHEN, MIT UNS ZU WITZELN.

»NICHTS FÜR UNGUT«, SAGEN SIE.

UND DANN …

IN SEINEM BÜRO BESCHULDIGT MICH DER RICHTER, EINE KRIMINELLE VEREINIGUNG GEGRÜNDET ZU HABEN ...

... DER BETEILIGUNG UND DER ORGANISATION VON NICHT GENEHMIGTEN DE-MONSTRATIONEN ...

... DER BEIHILFE ZUM BESITZ EXPLOSIVER SUBSTANZEN ...

... UND DER HEHLEREI VON GESTOHLENEN ANDRA-DOKUMENTEN, FOTOS, DIE BEI EINER BESCHLAGNAHMUNG IN EINER GEMEINSCHAFTS-UNTERKUNFT AUF EINER SPEICHERKARTE GEFUN-DEN WURDEN.

ER KLÄRT MICH AUCH AUF, DASS ES MIR UNTER ANDROHUNG SOFORTIGER HAFTSTRAFE VERBOTEN IST, MIT MEINEN ANGEKLAGTEN FREUNDEN, DIE IM FLUR WARTEN, ZU SPRECHEN.

FÜNF MINUTEN FRÜHER HATTEN WIR NOCH GEREDET, VOR DEN BULLEN.

BEIM ZURÜCKGEHEN DURCH DIE TÜR DARF ICH NICHT MEHR MIT IHNEN REDEN.

DU MUSST DICH SELBST KONTROLLIEREN.

DU WIRST DEIN EIGENER GEFÄNGNIS-WÄRTER.

UND BEI DER GELEGENHEIT HAST DU AUCH EIN AUFENT-HALTSVERBOT BE-KOMMEN?

JA.

DIE GEMEINDEN VON BURE UND SAUDRON SIND MIR VON NUN AN UN-TERSAGT.

HERR RICHTER ...

MAN KANN VIELLEICHT EINE PERSON DARAN HIN-
DERN, ZU SEIN, WO SIE SEIN SOLL.

ABER IHR DEN MUND ZU VERBIETEN IST ETWAS ANDERES.

SEHEN SIE, WIE DER HIER ANWESENDE BESCHUL-
DIGTE JOËL DOMENJOUD FREI NEBEN MIR LÄUFT.

DENNOCH HAT ER
IN GENAU DIESEM
MOMENT MEINER
ERZÄHLUNG DAS
GEBIET DER GE-
MEINDE SAUDRON
BETRETEN.

UNSERE GESPRÄCHE FANDEN IN
PARIS STATT UND IN DER KLEINSTADT,
IN DER ER HEUTE LEBT.

WIR GEHEN GEMEINSAM IN
RICHTUNG BURE.

UND SIE KÖN-
NEN NICHTS TUN.

DAS IST MEINE REISE, MEIN
BUCH UND MEINE ZEICHNUNG.

DIE MACHT UND DAS PRI-
VILEG DER ERZÄHLUNG.

UND MIT MIR, MIT IHM, MARSCHIEREN EINIGE TAU-
SEND LESERINNEN UND LESER NACH BURE.

ICH WÜNSCHE IHNEN EINEN SCHÖNEN TAG,
HERR RICHTER.

WAS
IN BURE
PASSIERT,
IST GENAU
DAS:

191

DER STAAT, DIE JUSTIZ, DIE POLIZEI TRAGEN DIE ANDRA AUF HÄNDEN.

EINERSEITS VERSUCHEN SIE STARKEN DRUCK AUF DIE BEWOHNER AUSZUÜBEN ...

... ANDERERSEITS ÜBERHÄUFT DIE ANDRA DIE REGION UND DIE KOMMUNALPOLITIKER MIT GELD. WIR REDEN VON VIERZIG MILLIONEN EURO IM JAHR.

DAVON ZEUGEN DIESE BLAUEN SCHILDER, DIE DU HIER ÜBERALL SIEHST.

ACCOMPAGNEMENT ÉCONOMIQUE
LABORATOIRE BURE-SAUDRON
cet équipement a bénéficié d'un soutien financier du GIP Haute-Marne

DAS IST DER KAUF VON BEWUSSTSEIN!

DANKE, JOËL.

ICH LASSE DEN G.R.703 OHNE MICH NACH OSTEN LAUFEN.

ICH GEHE NACH NORDEN UND SEHE IN DER FERNE DIE GEBÄUDE DER ANDRA UND VON E.D.F.

ICH WERDE NICHT IHRE PRESSE-REFERENTEN BEFRAGEN.

IHNEN AUF MEINEN SEITEN AUS GRÜNDEN DER HYPOTHETISCHEN FAIRNESS DAS WORT ZU ERTEILEN WÜRDE NUR DAS RIESIGE UNGLEICHGEWICHT DER KRÄFTE BESTÄTIGEN, DIE SICH HIER GEGENÜBERSTEHEN. SIE HABEN DAS GELD, DAS RECHT UND DIE POLIZEI AUF IHRER SEITE. ALLES LÄUFT GUT.

JENE, DIE IHNEN DIE STIRN BIETEN, FÜHREN EINEN PERSÖNLICHEN KAMPF, BEI DEM SIE NICHTS GEWINNEN KÖNNEN.

EBENDIESEN SAPIENS WOLLTE ICH MEINE WANDERUNG WIDMEN.

EINIGE VON IHNEN MÖGEN DAHER VERMUTEN, DASS DIESE ERZÄHLUNG PARTEIISCH IST.

SIE HABEN VÖLLIG RECHT.

ANDERE MÖGEN MICH DER ÜBERTREIBUNG ODER SCHWARZMALEREI VERDÄCHTIGEN.

IHNEN MÖCHTE ICH DIESE LETZTE INFORMATION MITGEBEN:

WÄHREND ICH IN JENEM SOMMER NACH BURE WANDERE, OFFENBART UNS DIE PRESSE, DASS DIE INTERNATIONALE FÖDERATION DER LIGA FÜR MENSCHENRECHTE DARAUF AUFMERKSAM WURDE, WAS DER FRANZÖSISCHE STAAT JOËL, MICHEL UND IHREN GLEICHGESINNTEN ZUGEMUTET HAT.

1992 GEGRÜNDET UND VON DEN INSTANZEN DER UNO ANERKANNT VERFOLGT DIE FIDH* DIE »VERTEIDIGUNG DER ÖFFENTLICHEN FREIHEIT UND DER MENSCHENRECHTE WELTWEIT«.

SIE HAT DAHER EINE UNTERSUCHUNG ÜBER DIE REPRESSION IN BURE ANGESTELLT. IN DIE-SEM KONTEXT HAT SIE 2019 EINEN ANWALT ZU EINER DER ZAHLREICHEN ANHÖRUNGEN DES GERICHTS VON BAR-LE-DUC ENTSANDT.

ER SCHREIBT FOLGEN-DES:

»IN DREISSIG JAHREN DER BERUFSERFAHRUNG HATTE ICH GELEGENHEIT, VIELE JUSTIZGEBÄUDE UND GERICHTSSÄLE KENNENZULERNEN. ICH KANN BEZEUGEN, DASS, ABGESEHEN VON DEN PRO-ZESSEN, IN DENEN ES UM TERRORISMUS ODER ORGANISIERTE KRIMINALITÄT GING, ICH NIE ZUVOR, SEI ES IN DER UMGEBUNG DES GEBÄUDES ODER IM GERICHTSSAAL, EIN SOLCHES GEFÜHL DER BEKLEMMUNG VERSPÜRT HABE, DAS VON DEM ÜBERGROSSEN AUFGEBOT AN POLIZEI, ZUMEIST IN EINSATZKLEIDUNG, GENÄHRT WURDE.«

ER MERKT AUSSERDEM EIN »OFFENSICHTLICHES MISSVERHÄLTNIS ZWISCHEN DEM UMFANG DER MASSNAHMEN, DEM AUFGEBOT DER POLIZEIKRÄFTE UND DER GERINGFÜGIGKEIT DER VORGEWORFENEN VERSTÖSSE AN, DIE WENIGEN AKTEN, DIE FÜR DIE ANHÖRUNG VORGESEHEN WAREN, DAS FEHLEN VON VORSTRAFEN IM STRAFREGISTER DER VERFOLGTEN PERSONEN UND DEN OFFENSICHTLICH HARMLOSEN CHARAKTER DER ANGEKLAGTEN«.

IM ERGEBNIS IHRES BERICHTS, DEN SIE IM ANSCHLUSS VERÖF-FENTLICHT, BESTÄTIGT DIE LIGA FÜR MENSCHENRECHTE, DASS:

»... DIE ÖFFENTLICHEN BEHÖRDEN EINE HEXEN-
JAGD AUF DIE GEGNER DES ENDLAGERS VERAN-
STALTEN, DIE IHRE POSITION UND IHRE KUND-
GEBUNG KRIMINALISIEREN SOLL, MIT DER FOLGE,
DASS IHRE INDIVIDUELLEN FREIHEITEN
BESCHÄDIGT WERDEN.«

»... DIE EINLEITUNG DER VORERHEBUNG ZUR KRIMI-
NELLEN VEREINIGUNG DIE GESAMTE BEWEGUNG MIT
EINER UNGERECHTFERTIGTEN BEDROHUNG IN DER
WEISE BELASTET, DASS SIE DAS VEREINIGUNGS-
RECHT, DIE MEINUNGSFREIHEIT UND DIE DEMONS-
TRATIONSFREIHEIT BESCHÄDIGT.«

»... DAS GERICHT VON BAR-LE-DUC
EINE HALTUNG EINGENOMMEN HAT,
DIE AN SEINER UNPARTEILICHKEIT
ZWEIFELN LÄSST.«

»... ES FÜR DIE L.D.H.* IN DIESER SITUA-
TION GERECHTFERTIGT WÄRE, DASS DEM
GERICHT VON BAR-LE-DUC DER GESAMTE
PROZESS ENTZOGEN WIRD.«

DAS PASSIERT ALSO
HEUTE IN DEM LAND, DAS
SICH DAMIT BRÜSTET,
DAS DER MENSCHEN-
RECHTE ZU SEIN.

DES LICHTS DER
AUFKLÄRUNG.

ELEKTRISCHES LICHT, ATOMARES LICHT.

DENN MAN DARF NICHT VERGESSEN, DASS
DIESER MIST NUR GESCHIEHT, UM EIN PAAR
JAHRZEHNTE STROM ZU HABEN.

ALL DAS DAFÜR.

GEMÄSS DER LEHRREICHEN AUSSAGE VON
BERNARD LAPONCHE: »DIE KERNKRAFT IST DIE
GEFÄHRLICHSTE ART, UM WASSER ZU KOCHEN.«

NANU?

EIN KLEINER SCHLAUBERGER HAT DIE SCHILDER UMGEDREHT.

UND UMGEKEHRT.

KLEINER SCHWINDEL.

ICH SCHAUE KURZ IM HAUS DES WIDERSTANDS IM ZENTRUM VORBEI, UM DIE BEWOHNER ZU GRÜSSEN.

EINIGE ESSEN ZU MITTAG. ANDERE ARBEITEN AM COMPUTER. DIE STIMMUNG IST FRIEDLICH. ABER ICH BLEIBE NICHT LANGE. OBERHALB DES DORFES RUFT MICH DER BOIS LEJUC. DORT WILL ICH MEINEN RUCKSACK ABSTELLEN.

LETZTEN MAI, ALS ICH MICHEL LABAT, DER IN DER NACHBARGEMEINDE MANDRES LEBT, ZUM ERSTEN MAL BESUCHTE, WAREN WIR ZUSAMMEN MIT DEM AUTO IM WALD GEWESEN. MICHEL HATTE MICH GE-WARNT: MAN WÜRDE UNS KONTROLLIEREN.

ES WAR EIN RUHIGER NACHMITTAG. DIE UMGE-BUNG WAR MENSCHENLEER. DOCH SOBALD WIR AM WALDRAND EINTRAFEN, TAUCHTE EINE GRUPPE GENDARMEN MIT ZWEI KASTENWAGEN AUF, DIE IM VERBORGENEN GEPARKT HATTEN.

DANN TRAFEN ZWEI MOTORRADFAHRER IN KAKI AUS EINEM SEITENWEG EIN. UNSERE AUSWEISE WURDEN KONTROLLIERT, MEIN WAGEN GEÖFFNET UND FOTOGRAFIERT.

FÜR DIE LEUTE HIER ALLTAG.

DIE EINGEWEIHTEN HATTEN MICH ÜBRIGENS VOR MEINER ANKUNFT GEWARNT: WENN DIE BULLEN BEIM DURCHSUCHEN MEINES RUCKSACKS AUF MEIN OPINEL-MESSER STIES-SEN, KÖNNTEN SIE ES ALS WAFFE BETRACHTEN.

ICH KÖNNTE SCHWIE-RIGKEITEN BEKOMMEN.

ICH HÄNGE AN MEINEM MESSER. ES BLIEB IN MEINEM RUCKSACK.

ES IST SCHWÜL.

DA IST DER BOIS LEJUC. KEINE UNI-FORM IN SICHT.

SIE DA! HALT!

WAS MACHEN SIE HIER?

ICH LAUFE.

WARUM ICH LAUFE, IST IHNEN EGAL. WAS SIE IRRITIERT, IST DAS GEWICHT DES RUCKSACKS, DIE AUSRÜSTUNG, DIE GELAUFENEN TAGESKILOMETER.

SIE BITTEN MICH UM MEINEN AUSWEIS. EINER KONTROLLIERT IHN AM MONITOR IN IHREM WAGEN, WÄHREND DER ANDERE DIE ÜBERFALLKOMMANDOS ERWÄHNT, DIE SIE WÄHREND IHRER AUSBILDUNG BEKÄMPFTEN. WIR SIND UNTER WISSENDEN.

ALLES IN ORDNUNG.

BRÜDER IM KAMPF.

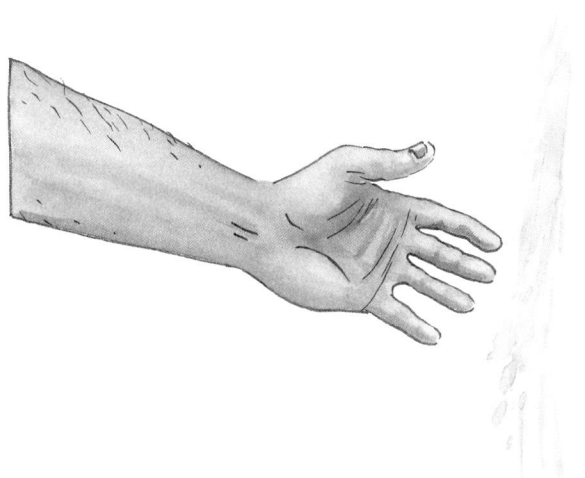

WIR STEHEN UNTER
BEOBACHTUNG.

DER EINGANG ZUM BOIS LEJUC.

DER ORT, DER FÜR ALLES STEHT, WAS ICH GERADE ERZÄHLT HABE.

UND DER ALLE SPAN-NUNGEN DIESER GE-SCHICHTE BÜNDELT.

UND ICH
STELLE HIER
MEINEN RUCKSACK
AUF DEN BODEN,
DEN ICH IN PECH
MERLE GESCHUL-
TERT HABE.

ICH BETRACHTE DIE BÄUME, DIE SICH IM WARMEN WIND WIEGEN.

ES IST NUR EIN KLEINER, RUHIGER WALD, WIE ES IHN ZU TAUSENDEN AUF DEM PLANETEN ERDE GIBT. ABER DIESER BEWAHRT IN SEINEM LAUB EINE GRUNDLEGENDE FRAGE.

DAS SCHICKSAL DIESER BÄUME BETRIFFT DIE MENSCHEN HIER.

UND ANDERSWO.

UND DICH, DER DU DIESES MAMMUT GEZEICHNET HAST, UND SIE, WIE SIE DIE LEKTÜRE DIESES BUCHES BEENDEN.

UND EUCH UNGEBORENEN, DIE IHR MIT DEM LEBEN MÜSST, WAS HIER ENTSTEHT.

DIESE BESCHEIDE-NEN BÄUME, DIESER WALD SIND UNSER GEMEINGUT, WIE DIE-SER LÄCHERLICHE RAUM, DIESE DÜNNE BODEN- UND ATMO-SPHÄRENSCHICHT, IN DIE UNS UNSERE NATUR EINSCHLIESST.

DIESER WALD,
DAS IST DORT,
WO WIR LEBEN.

Das Tagebuch von Bure

Dieses Buch wurde im Juni 2021 fertiggestellt. Im anschließenden Sommer wurde es gedruckt und am 6. Oktober veröffentlicht. Das Exemplar, das Sie in Händen halten, stammt aus der dritten [französischen] Auflage vom Januar 2022. Und ich versuche hier zusammenzufassen, was in der Zwischenzeit in Bure geschehen ist.

Im Juni 2021 stehen Joël Domenjoud und sechs andere Personen vor Gericht in Bar-le-Duc. Achtzehn Monate Haft wurden für ihn gefordert, zusammen mit einem Verbot des Waffenbesitzes. Dabei war Joël in dieser Sache nie beschuldigt, ja nicht einmal des Waffenbesitzes verdächtigt worden.

Am 21. September hat er für bestimmte Anklagepunkte einen teilweisen Freispruch erhalten, insbesondere den der Gründung einer »kriminellen Vereinigung«. Aber Anfang Oktober legt der Staatsanwalt für das gesamte Urteil Berufung ein. Diese Entscheidung startet den gesamten Prozess neu. Joël und seine Mitangeklagten werden also wieder der Gründung einer »kriminellen Vereinigung« beschuldigt. Der Prozess findet in Nancy an einem nicht bekannten Datum statt, während ich diese Zeilen schreibe. »Wir haben wieder zwei oder drei Jahre Verfahren vor uns, oder gar vier oder fünf, wenn wir in Revision gehen«, sagt mir Joël. »Diese juristischen Scheinprozesse versuchen vor allem, an unserer Zeit und Energie zu zehren.«

Und in Bure? Im Winter 2021/2022 befürchtet man dort, dass das Cigéo-Projekt vom Status einer »Operation von nationalem Interesse« profitiert, sodass die französische Regierung die Kontrolle über die baulichen Maßnahmen übernehmen könnte. Dieses Manöver würde dem Staat und dem Präfekten das Recht geben, alle Standpunkte des örtlichen Gemeinderats zu ignorieren – der hinsichtlich Baugenehmigungen normalerweise selbstbestimmt ist – und somit auch die seiner Wählerinnen und Wähler.

Und am 20. Dezember 2021 haben die Prüfbeauftragten ihren Bericht im Anschluss an die öffentliche Anhörung, die im Rahmen der Frage des allgemeinen Nutzens des Cigéo-Projekts organisiert wurde, vorgelegt. Ihre Stellungnahme ist positiv, was nicht wirklich überrascht. Sie ist es ohne die kleinste Einschränkung, was einen angesichts des eindeutigen Widerstands vor Ort und der starken Vorbehalte der Umweltbehörde sehr erstaunt. Dieses Fehlen an Kritik veranschaulicht gut den Umstand, dass die Cigéo von der Warte der aktuellen Regierung aus um jeden Preis Vorrang hat.

Die Fortsetzung? Halten wir uns auf dem Laufenden.

Dieses Buch ist beendet, aber die Geschichte geht weiter.

É. D.

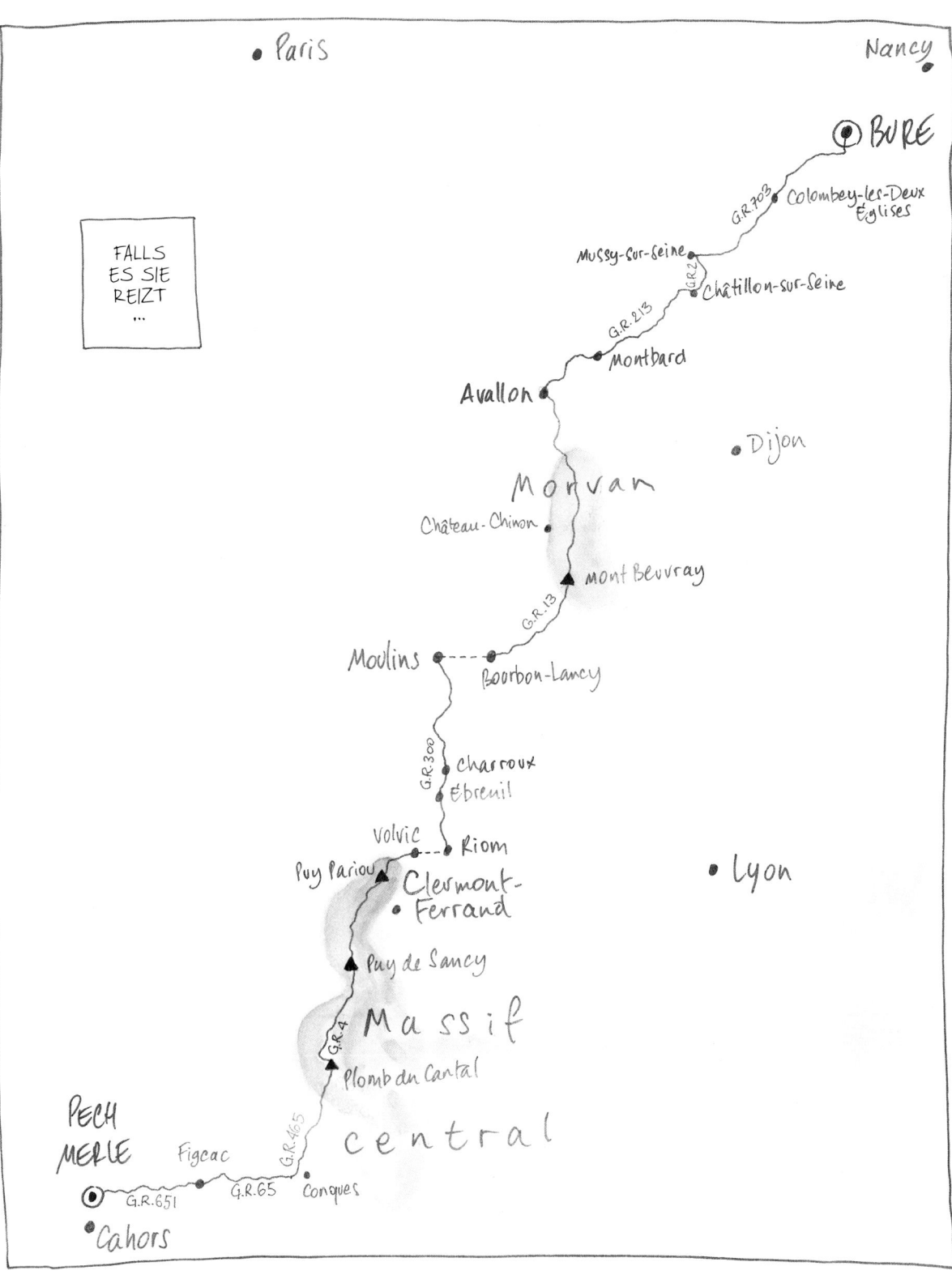

Paris •

Nancy

◎ BURE

G.R. 703 • Colombey-les-Deux-Eglises

Mussy-sur-Seine •

G.R.2

Châtillon-sur-Seine

G.R.213

• Montbard

Avallon •

• Dijon

M o r v a n

Château-Chinon •

▲ Mont Beuvray

G.R.13

Moulins • - - - • Bourbon-Lancy

G.R.300

• Charroux
• Ebreuil

Volvic • • Riom

Puy Pariou ▲

Clermont-Ferrand •

▲ Puy de Sancy

M a ss i f

G.R.4

▲ Plomb du Cantal

G.R.465

c e n t r a l

PECH MERLE

Figeac •

◉ G.R.651   G.R.65   Conques •

• **Cahors**

FALLS
ES SIE
REIZT
...

Eine subjektive Auswahl an Büchern, die meine Schritte vor Pech Merle und nach dem Bois Lejuc begleitet haben

ÜBER DAS SCHÖNE MAMMUT UND DARÜBER HINAUS

LEHOËRFF (Anne), *Préhistoires d'Europe,* Berlin, Paris, 2016.

LORBLANCHET (Michel), *Art pariétal. Grottes ornées du Quercy,* Rouergue, Arles 2010. (dt. *Höhlenmalerei*, Jan Thorbecke Verlag, Stuttgart, 2001)

ÜBER DEN BODEN UND DIE GEHEIMNISSE, DIE ER BEHERBERGT

DENHEZ (Frédéric), *Le Sol, Enquête sur un bien en péril,* Champs actuel, Paris, 2018.

DUFUMIER (Marc), LE NAIRE (Olivier), *L'agroécologie peut nous sauver,* Actes Sud, Arles, 2019.

SELOSSE (Marc-André), *Jamais seul. Ces microbes qui construisent les plantes, les animaux et les civilisations*, Actes Sud, Arles, 2017.

UM EINEN FUSS VOR DEN ANDEREN ZU SETZEN

GILLET (Alexandre), LEVY (Bertrand), dir., *Marche et Paysage. Les Chemins de la géopoétique,* Métropolis, Genf, 2007.

LA SOUDIÈRE (Martin de), *Arpenter le paysage. Poètes, géographes et montagnards,* Anamosa, Paris, 2019.

RUFIN (Jean-Christophe), *Immortelle randonnée. Compostelle malgré moi,* Guérin, Paris, 2013. (dt. *Nichts gesucht. Alles gefunden. Meine Reise auf dem Jakobsweg*, Penguin, 2017)

THOREAU (Henry David), *Marcher,* traduit de l'anglais (États-Unis) Übers. von Nicole Mallet, Marseille, 2017. (dt. *Vom Wandern*, Reclam, 2013)

ÜBER DIE DUMME ART, WASSER ZU KOCHEN, UND IHRE FOLGEN

D'AGATA (John) *Yucca Mountain*, Übers. Von Sophie Renaut, Zones sensibles, Brüssel, 2012. (engl. *About a Mountain*, W.W. Norton, 2010)

D'ALLENS (Gaspard), BONNEAU (Pierre), GUILLARD (Cécile), *Cent mille ans. Bure ou le scandale enfoui des déchets nucléaires,* La Revue Dessinée/Seuil, Paris, 2020.

D'ALLENS (Gaspard), FUORI (Andrea), *Bure, la bataille du nucléai*re, Seuil/Reporterre, Paris, 2017.

DESSUS (Benjamin), LAPONCHE (Bernard), *En finir avec le nucléaire. Pourquoi et comment*, Seuil, Paris, 2011.

GINET (Pierre), Hrsg., *L'Opposition citoyenne au projet Cigéo*, L'Harmattan, Paris, 2017.

COLLECTIF BURESTOP 55, *Notre Colère n'est pas réversible. Enfouir les déchets atomiques: le refus*, Selbstverlag, 2015.

ÜBER DAS, WAS WIR JENEN HINTERLASSEN, DIE NACH UNS KOMMEN

BOISSEL (Xavier), *Capsules de temps. Vers une archéologie du futur*, Inculte, Paris, 2019.

DEBARY (Octave), *De la poubelle au musée, une anthropologie des restes*, Creaphis éditions, Ivry-sur-Seine, 2019.

UND AUCH

AZAM (Geneviève), *Lettre à la Terre*, Seuil, Paris, 2019.

DAVODEAU (Hervé), *L'Action paysagère. Construire la controverse*, Quae, Versailles, 2021.

LATOUR (Bruno), *Où suis-je ? Leçons de confinement à l'usage des terrestres*, La Découverte, Paris, 2021. (dt. *Wo bin ich? Lektionen aus dem Lockdown*, Suhrkamp, Berlin, 2021)

RECLUS (Élisée), *Histoire d'un ruisseau*, gefolgt von *Histoire d'une montagne*, Arthaud, Paris, 2017. (dt. *Geschichte eines Berges*, Edition AV, Lich, 2013)

VIDALOU (Jean-Baptiste), *Être forêts. Habiter des territoires en lutte*, La Découverte, Paris, 2017.

UND SCHLIESSLICH

»Rapport sur les évènements survenus à Bure et sur leur traitement judiciaire«, Ligue des droits de l'homme, Paris, 2019.

https://www.ldh-france.org/wp-content/uploads/2019/06/Rapport-LDH-sur-%C3%A9v%C3%A9nements-Bure-et-traitement-judiciaire-20-06-19_def.pdf

»Mission de la Fédération internationale des ligues des droits de l'homme (FDIH).

Mandat d'observateur. Tribunal correctionnel de Bar-le-Duc. Audience du 5 février 2019.«

https://www.ldh-france.org/wp-content/uploads/2019/06/Rapport-mission-FIDH-Bar-le-Duc-2019-02-05-projet.pdf

DANKSAGUNG

Sie waren bereit, diese Wege – virtuell oder physisch –
mit mir zu beschreiten.

Danke an Bertrand Defois, Claude Gendrot, Marc Dufumier,
Christophe Hermenier, Bernard Laponche, Michel Labat,
Valérie Brunetière, Ariane de La Chapelle, France Moline und
Joël Domenjoud.

Ich danke auch Sophie Leroy, Richard Leroy, Joub, Hélène
Ferrarini, Damien Cuvillier, Franck Bourgeron, Pascal Brebion
und Charlotte Mijeon.

Danke an Françoise Roy für ihre Unterstützung auf jeder Etappe.

Und ich danke auch dir, der du einst ein Mammut auf die
Wand einer Höhle des Planeten Erde gezeichnet hast.

É. D.

**Ebenfalls von Étienne Davodeau
bei Carlsen Comics erhältlich:**

**Wir produzieren
nachhaltig**

• Klimaneutrales Produkt
• Papiere aus nachhaltigen
  und kontrollierten Quellen
• Hergestellt in Europa

MIX
Papier | Fördert
gute Waldnutzung
FSC® C002795

**Carlsen Comics News
Jeden Monat neu per E-Mail!
www.carlsencomics.de
www.carlsen.de**

Carlsen-Bücher gibt es überall im Buchhandel und auf carlsen.de

CARLSEN COMICS
© Carlsen Verlag GmbH · Hamburg 2023
Aus dem Französischen von Tanja Krämling
LE DROIT DU SOL – JOURNAL D'UN VERTIGE
© Futuropolis/ 2021
All rights reserved
Textbearbeitung: Beatrice Tavares
Redaktion: Sten Fink
Lettering: Minou Zaribaf
Herstellung: Maria Niemann

Alle deutschen Rechte vorbehalten
ISBN 978-3-551-77130-8